半農理想國

台灣新農先行者的進擊之路

賴青松、楊文全 著

播種

心中的那畝田

如果離開都市，該到哪裡落腳呢？
賴青松心底出現一個聲音。

01 ｜宜蘭在地農婦千歲團幫穀東俱樂部挲草。
02 ｜賴青松女兒剛上小學時，畫下在田裡工作的阿爸。
03 ｜賴青松一家起造農舍時請來三官大帝坐鎮守護。
04 ｜2001 年在深溝村種出的第一包青松米。

05 | 開辦深溝農民小學，請來陳阿公教孩子們種稻。

06 | 穀東俱樂部的田邊收穫聚。

07 | 深溝國小將學童種稻納入特色課程中。

08 | 穀東俱樂部「志願農民」紀念Ｔ恤。

09 | 收穫聚時參加的朋友留下快樂合影。

10 | 收穫聚時做草垛的賴青松。

11 | 穀東們在賴青松家分享歸農大夢。

12 ｜倆佰甲夥伴共同整修舊碾米廠，後成為小間書菜。
13 ｜宜蘭小田田第一年耕作，陳榮昌示範在秧床灑下稻穀。
14 ｜朱美虹學習製作宜蘭在地傳統豆腐乳及醬油。
15 ｜夥伴江映德背著女兒下田耕作。
16 ｜夥伴張雅涵在插秧機上放秧苗。

17 丨夥伴相互幫忙以傳統打穀機手工收割。
18 丨2015 年深溝小農第一次聯合拜田頭。
19 丨春耕農忙時節，夥伴在農民食堂用餐的熱鬧畫面。
20 丨倆佰甲夥伴一同在公田做田埂時合影。

在這裡，大家可以做自己想做的事，
過自己想過的生活。

耕耘
新農育成沃土

21 ｜2019 年小間書菜及田文社在深溝田間舉辦「吃土市集」。

22 ｜在慢島生活基地舉辦的小農市集。

23 ｜接續小間書菜的深溝共同店，訪客依舊絡繹不絕。

24 ｜2018 年林欣琦參選深溝村長，月光莊朋友邊演奏邊駕車繞村。

25 ｜慢島學堂課程，朱美虹教授農村日常料理。

26 ｜夥伴陳惠玲與江映德分享第一年的務農心情。

27 ｜賴青松、楊文全、林欣琦一行人，在日本宮崎縣「台灣塾」活動中分享深溝經驗。

豐收
多元社會創新

因為與大自然連結，
半農半X夥伴開始有了春、夏、秋、冬。

28 ｜由友善小農自行訂價、上架的慢島直賣所。

29 ｜深溝新農社群受邀參與日本宮崎縣「台灣塾」展覽。

30 ｜ 2014 年春天甫開幕的小間書菜手寫招牌。

31 ｜來自新加坡的倆佰甲夥伴娜娜開發柚子醋產品。

32 ｜積極參與社會的夥伴，在農民食堂掛上「小農參政」字板。

33 ｜科技農夫陳幸延與他所製作的氣象箱。

34 ｜慢島學堂課程，學員體驗蓮藕收成。
35 ｜以賴青松所種植紫糯米加工製成的紫米茶。
36 ｜慢島生活公司負責人賴青松。
37 ｜慢島生活公司股東們攝於基地旁樹下。
38 ｜慢島學堂第一屆水稻班結業式時播放當期紀錄片。
39 ｜楊文全住家是舉辦讀書會與活動的據點。

大膽走出舊模式，
啟動朝向專業分工、商業化的轉型工作。

34

蓄積
農村永續能量

37

36

35

39

38

40 ｜舉辦稻草人製作活動，學員們的作品。
41 ｜蔬菜班參訪卡莎＆蝦蝦開心農場。
42 ｜蔬菜班學員正學習種菜。
43 ｜水稻班學員正學習插秧。
44 ｜蔬菜班學員們試著培育菜苗。
45 ｜水稻班學員在田裡撿除雜草。

彩頁照片由作者與慢島生活公司攝影／提供。

半農興村

2006 年，穀東俱樂部發行第一張穀東年曆，
用一個畫面跟一句話呈現當年最重要的深溝大事。

2014 年，青松歸農滿 10 年，許多新農湧入深溝，
開啟了一個全新的半農興村時代。

這年的年曆由田文社社長 Over 林欣琦繪製，
畫面自上至下，呈現了深溝小村的春夏秋冬四季更迭。
青松跟美虹一手打造的白牆黑瓦農舍就位於正中央。

遠方雪山腳下汩汩湧泉是深溝農村的活水命脈，
冬季田水映空，是蘭陽平原鄉間絕美景致，
春季到來，新農們忙著下田施肥，撒布米糠。
當時農村陣線小田田青年軍及倆佰甲歸農社群已齊聚深溝，
人工育苗、手工插秧、田埂刈草，乃至於《夏子的酒》中的經典場景，
眾人手持地板刷、下田除草的畫面都在田間重現。

青松農舍前停放的是美虹的小 March，
一旁竹筐裡曬的是夏季必備的風土豆腐乳塊。
金黃稻穗裡的青松曾出現在齊柏林《看見台灣》鏡頭中。
不遠處的三官宮，是深溝的信仰中心，
後方的廟埕，則是盛夏豐收時節小農必爭的最佳曬穀場。

往深溝街上不遠，會遇到傳承八十年的永慶雜貨店，
隔壁由舊碾米廠修繕而成的小間書菜，是村裡第一號新農事業體。
繼續朝宜蘭市前進，黑瓦紅磚房屋是獨立書店松園小屋，
新農們在此聚集，暢飲、讀書、倡議、共食，也分享彼此的生活……

—— 賴青松，2022 年 11 月

繪圖／林欣琦

目錄

第五章

想像慢島生活圈

推薦序

一窺台灣未來新農村

林盛豐

本書詳實的記錄一個由傳統農業轉型至新農業的實驗，是兩位作者在台灣農村一步一腳印，歷經十餘年的實踐實錄。內容豐富且詳實，足夠讓我們一窺台灣未來新農村的形貌。

賴青松與楊文全兩位作者從農的初心，與很多羨慕陶淵明式耕讀生活的夢想者一樣，並沒有清楚的路徑圖，但是過程起伏，挑戰接踵而來；這段時期台灣農業的各種思潮與前仆後繼的實驗，提供了很多參考案例。他們的教育背景與職業歷練，也使他們有足夠的宏觀視野，可以提出繼傳統農業、精緻農業之後，建立於資訊網路、社區營造、共享經濟、城鄉虛實整合的新農村典範。

台灣農業典範轉移的改革推動者

兩位作者的理論與實踐，是台灣農業的典範轉移（paradigm shift）過程中一個紮實的範例。

當一個時代普遍施行的某種模式無法達成預期的效果時，原來的典範（paradigm）便會被懷疑，各種新的提案將被提出。這些新的提案若能產生更佳的效果，便被視為範例，逐漸取代了原來的模式，這即是典範轉移。

兩位作者是台灣這一波典範轉移的理念先驅者、實驗者、串聯者、呼籲者，而且整合了台灣這些年來的各種思潮與實踐。最重要的是基於台灣地理及社會脈絡，建立了書生背景最不易完成的農村商業模式（business model）。賴青松與楊文全，是兩位農業創新的改革推動者（agent of change）。

實驗之初的台灣農業景況

賴青松與楊文全進入農村時，台灣面臨ＷＴＯ的衝擊；農民老化凋零、產銷失調、農藥與化肥過度使用，導致土壤劣化與食安危機、農地破碎流失、鄉村地區土地使用管制失靈。

農村缺乏永續發展的想像與策略，台灣社會普遍視農村為落後的象徵。農地被視為都市開發的預備用地，或是容納都市鄰避設施的垃圾桶。許多農業縣首長對農村發展的願景，就是複製都市的開發模式，最希望能在其轄區擴大都市計畫，炒高土地價格，但對農村的其他發展模式，卻嚴重缺乏想像力。

因為對農地變更為建地的期待，以及別墅農舍以及民宿的需求，都會區周邊農地價格高漲，別墅農舍及民宿如雨後春筍。再者，當都會地區打房，周邊農地農舍成為新投資標的，農地進一步破碎化。

深刻反省的潮流

而在農村破敗、老農凋零的同時，一股深刻反省的潮流，也以各種形式出現在台灣的各個角落，蔚然成風。這些思潮成為推動台灣農村改革的契機，也應是兩位作者對未來農村圖像的參考：

契機1：農村田園成為都市居民的心靈故鄉

農業的產業地景以及傳統的農舍、農村，構成靜美的田園景觀。尤其是灌溉水路，與農村的生活方式融合為一，形成深刻的地點感與空間美學，成為都市居民的心靈故鄉。

契機2：對食安的重視

農藥、化肥的濫用導致癌症罹患率惡化，消費者食安危機意識升高，有機食物、食農教育已成世界潮流。

契機3：農村地區的社區營造

台灣農村數量眾多的社造團體，其關照面向已及於農村發展的宏觀策略，普遍具備永續發展的視野。社造團體推動永續發展相關產業，如精緻體驗產業，文化特色產業，並且利用農村較緊密的社群關係發展照顧產業。

契機4：社區支持型農業

在國外施行有年的社區支持型農業（CSA：Community Supported-Agriculture），其架構「食物生產者＋食物消費者＋每年的互相承諾＝社區支持型農業」，即為賴青松穀東俱樂部的原型。

契機5：區域品牌與地產地銷

以產地的永續價值為基礎的農產品牌經營，以及縮短食物旅程的地產地銷理念已逐漸被接受。

契機6：慢活及有機生活的Life Style

健康、慢活、以農耕為基礎並珍惜自然生態景觀的生活態度，在台灣的農村萌芽，而且逐漸發展出相關的優質生活產業。

優質生活產業與觀光產業相互支應，成為觀光產業的幅員與縱深。

台灣新農民與創意農業的萌芽

台灣傳統的農民重生產，傳統小農面對國際市場的開放競爭，毫無招架之力。高學歷的新農民悄悄改變了台灣的農業與農村。學士、碩士、博士種米賣菜，運用新科技及網路，發展出新型態的農業經營方式。

賴青松與楊文全掌握到台灣農業轉型的各種契機，由穀東俱樂部與倆佰甲的早期實驗，逐漸深化，形成細膩的社區觀與國際觀。甚至擘劃出網路時代的農村大未來。

網路時代的農村大未來

兩位作者已經將網路時代的農村雛形，具體而微的呈現在我們眼前。這個新農村聚落，多采多姿，是一個生命力十足的有機體，讓我們可以一窺台灣未來的新農村形貌。但最令人興奮的是兩位作者在本書中提出的六項策略以及論述：

一、實踐田園夢的挑戰與機會
二、農村從工業化走向服務業化
三、「半農半X」與「半X半農」協力合作
四、農村復興：共享經濟與交換經濟的競合
五、打造新農育成平台
六、虛實整合的新型態農村

將台灣轉型為一個真正先進國家的關鍵，不在一線城市，而在以永續發展的價值觀經營二、三線城市與農村。我們要能提出擺脫城市思維的農村重建策略。這六項具宏觀視野的策略與終極關懷，是具有十年以上的前導實驗之政策建議，關心台灣的國土規劃與鄉村規劃的有志之士，實應共同學習、理解、落實。

林盛豐：監察委員。美國加州柏克萊大學建築博士。曾任宜蘭縣政府顧問，淡江大學建築系系主任、研究所所長，公視《城市的遠見》、《農村的遠見》節目製作及主持人，行政院政務委員與永續發展委員會委員等。合著有《地域X建築》等書。

推薦語

古碧玲（《上下游副刊》總編輯、台灣全民食物銀行理事長）

「日出而作，日入而息。鑿井而飲，耕田而食，帝力於我何有哉！」多少現代人歷經疲憊紛擾的都會生活後，嚮往擁有一畝田。但我們也不時聽聞許多人鎩羽而歸不得不重返都會。賴青松與楊文全的《半農理想國》履踐二十年終能成形，關鍵在於善用分工建立網絡、深諳網路行銷、懂得商業模式的操作以及品牌論述能力、與購買者建立良好互動、政府資源的挹注等因素，同時解開了傳統農業的桎梏，塑造農業轉型的六級產業典例。

然，有人之處就有紛歧，當穀東俱樂部與倆佰甲的營運模式眉目越來越清之際，如何解決地方利益的矛盾，協調老農與新農之間的價值衝突，俾使雙方都能利益共享，這是最困難的部分，本書提供了一些啟示。

當您想要「胡不歸」實現半農生活時，或可參考。

張正揚（高雄市旗美社區大學校長）

以前的人開庄，是面對原始的自然環境，克服種種不利條件，整地、鑿圳、蓋屋，慢慢建立宜居家園，並從零開始，醞釀與發展社會與文化，這一批先民制定了農村的生存文法。青松和文全等夥伴進入深溝，面對的是早已成文，但卻逐漸衰落的農村，於是他們摸索，學習進入農村，以倆佰甲等方式建立支持系統，呼朋引伴前來深溝駐紮，落地生根，鼓勵這些新住民發展自家專長，半農興村，在深溝建立「半農理想國」，這一批人活絡並延續了凋零中的農村。青松和文全他們，在深溝進行的是一場現代農村開庄。

郭華仁（臺灣大學農藝學系名譽教授）

在農村蕭條的趨勢下，目前仍有若干地方展現生機，這些村落多以在地農人為主，宜蘭深溝村則是由外來青農支撐起新面貌。本書詳敘賴青松、楊文全如何在深溝提供農地、房舍、技術、陪伴等平台，吸引一群半農半X生活者進入農村，歷經穀東俱樂部、倆佰甲、慢島生活／慢島學堂的蛻變，下田種稻之外，還透過書店、餐飲、產品展售、鄉村導遊、報導廣播等方式，進行把人找進來，把米推出去的產業創新，塑造出城鄉交流的範例，也替台灣農村點出一盞明燈。然而成就的背後，當事人是怎樣地殫思極慮、因勢利導，非得整本看完才能體會，因此樂為之推薦。

郭麗津（台東慢食節策展人、津和堂執行長）

這本書是所有關注台灣農村發展新出路的朋友們必讀的年度鉅作！以細膩的紀實敘述，從一位主角（賴青松）、一個地方（宜蘭縣員山鄉深溝村）、二十年間各階段的人事物變遷，帶出一群人實踐後的新農村樣態。既是一本非常好讀的故事書，更是有論述、有架構的議題探討專書。

筆者的章節布局，無形中幫助同樣在地方、農村工作的你我，找到突破困境、啟發創意的靈光，無論與自身經驗是貼近的，或互有差異的。開放友善、多元共享、城鄉協力、虛實整合，這些動人的「深溝經驗」關鍵字，猶如閃爍光芒的火金姑，映照著台灣農村復興的未來道路！

陳育貞（臺大城鄉所兼任副教授、城鄉潮間帶創始人、原臺大城鄉基金會宜蘭分會會長）

本書記錄了長達二十年農村願力崛起的歷程。作為台灣農村轉化鄉村的一個典型，這個故事的背景，是宜蘭陷入「農地種農舍」的風暴、台灣農村淪入地產競奪版圖，以及，三農政策面臨失靈的國土治理難題。這個結構性困局，是本書的起點，而作者給出的回應，正如米爾斯（C. Wright Mills）所言，是結合了個人的煩惱和社會議題，結合了個人小我生命與歷史大生命。這個故事是情感與理性、個體與集體的對話、辯證與交融——從農村悲運的體察和環境價值的反省，從一個人與一個家庭的處境，連結到更多人的意念、機會和命運，孕成一股回應土地正義和永續城鄉議題的行動能量；為鄉村注入新力，彰顯它作為價值實踐與生活方式之一種替選的潛力與意義。

楊儒門（248農學市集召集人）

和青松認識，是去宜蘭幫忙種田時。透過向青松學習的過程，慢慢地知道穀東俱樂部，是生產者與消費者之間信任的互動，是推廣農業很好的方式。之後在台北舉辦農學市集，就是學習這種精神。

到金山契作水稻後，不斷的辦活動，規劃、導覽、接待、料理……，事事都要負責，是一件很累人的事。之後帶農友去宜蘭參訪「慢島生活」，才發現分工也是一種選擇，每個人依專長負責不同的領域，而且可以藉此聚集更多人，讓每個在地或移居來種田的人，都有機會參與和交流，進而慢慢融入社區。

相信透過這本書，會讓閱讀的人，獲得更多不同的思維。

劉克襄（作家）

從千禧年開始，賴青松便舉家回到深溝村。在我們驚覺農村凋零越發嚴重，農業誠為立國之本時，他已率先走在這條道路的前頭，展現豐富的小農經驗。田間的耕作知識、栽培管理等等，經由肢體勞動服務和土地倫理實踐，竭力帶出的生活價值，絕非一般知識分子的紙上理論。

透過社區創生、地方共學等等社會運動，我們在各地遇見的農業困境，他不斷地從挫敗中修正，繼續尋求理想的實踐。如何成為一個合宜的新農，更有自己摸索的種種經驗，提供許多寶貴的精彩實例，拓展了難以想像的返鄉路。此時結集為文，誠為必然也是使然。無疑的也是，我們研究當代農業的重要素材。

闕河嘉（臺灣大學生物產業傳播暨發展學系副教授）

二十年前，青松大哥以半子身分舉家搬到美虹姊的家鄉宜蘭深溝村去當農夫，點燃了台灣穀東認穀制的風潮。青松大哥這一舉鼓舞了有此夢想卻不敢妄動的各職場翹楚，於是文全大哥加入了，他不只當農夫，城鄉規劃師的背景讓他有了員山鄉「半農興村」的夢想。兩人扮演著轉行新農的範例，同時擔任起有夢新農的義務指導員，如同隊友一般地協助新農面對移居後的挑戰。深溝村捲入了更多新農，來自國內外，把原先的專業嫁接到宜蘭農村，有了廣播電台、書店、保育教室、慢活學堂。我也乘此風潮帶臺大的學生來見習。《半農理想國》會告訴你這段歷史的故事。

羅文嘉（水牛書店社長）

我認識楊文全時他還在臺大城鄉所念書，經過三十年，他依舊滿懷理想，和當年很多熱血青年不同的是，他從沒忘記在殘酷現實挑戰下匍匐前進。《半農理想國》這本書，正是這二十年來，他落地宜蘭，從農業切入，結合一群認同土地、關心農村的朋友，不斷嘗試、摸索、克服困難，逐漸踩踏出的一條農村復興之路。

對嚮往農村田園生活的人，這些經驗分享，非常務實，可以減少因為過度浪漫而產生的衝擊與失落。對有心在鄉村落地生根，以農為生的人來說，這些過程紀錄，更是珍貴的第一手教材，可以少走很多冤枉路。

理想的田園生活，是許多人走過大半生，最後的心靈歸屬，但物質與心靈，如何尋求平衡，在這裡，賴青松與楊文全毫無保留分享了他們的成果與挫折。

自序

從種稻，種人，到種村的奇幻之旅

賴青松

二〇〇〇年，我帶著妻子美虹與年幼的女兒，回到她早早便離開的故鄉，宜蘭縣員山鄉的深溝村，一個蘭陽平原上有著清澈湧泉，田園寂寥但依舊青翠的小村。一邊耕田種菜，一邊從事日文翻譯，踏出實踐理想人生的第一步。

二〇〇四年，結束在日本岡山大學環境法碩士的課程，歷經幾番內心的反覆掙扎，終於下定決心回到台灣，在宜蘭農村成立了「穀東俱樂部」，就此展開高調務農的人生。

二〇〇七年，將歸農最初兩年心底的洶湧波濤，寫成了按月紀實的《青松ê種田筆記》（心靈工坊），試圖為歸農路途上的後來者，留下些許摸索前行時的線索。

一轉眼，十餘寒暑匆匆，二〇二二年的此時，難得機緣殊勝，有機會以筆墨回顧這二十餘載漫慢來時路，才明白這是一趟從種稻、種人到種村的奇幻旅程。

打從回到宜蘭務農為生開始，早已不知道回答過多少次，年少時期因為家道中落，回到台中大雅鄉下阿公的老家寄居，是自己選擇歸農人生最初的起點。是那短短一年的春去秋來，在田疇溝圳間與大地相濡以沫的記憶，讓自己永遠忘不了赤足踏在田地上，那份無可比擬的溫潤與踏實的感受。只不過當時自己並沒有意識到，阿公的老家是一整個農業時代的積累與縮影，僅有的金錢加上勤奮的勞動，以有限的土地加上巧妙的智慧，讓食指浩繁的大家庭得以溫飽，甚至還接濟從都市回來休養生息的子孫。自此而後，一個可以回去耕耘的所在，一條能夠親土返鄉的道路，似乎就成了自己生命終極關注的命題。

無可否認的，最初來到深溝選擇半農半X生活，確實只是為了尋覓一己安身立命之處。試圖挽救世界飽受污染環境的雄心壯志，早在台北主婦聯盟從事共同購買時期，差不多便已消磨殆盡。在日益擴大的城鄉差距與對話鴻溝之間，個人再多的熱情與氣力也彷彿杯水車薪，縱使費盡力量大聲疾呼，在時代的巨輪面前也只能是再世的唐吉軻德。

直到自己終於精疲力盡，決心不再過著這種理想與現實悖離的日子，選擇回到阿公走過的那條田埂路，療癒自己疲憊的身心，守護腳下僅有的土地，理想與現實才終於合而為一，神奇的力量於焉啟動，也是自己真實感受到，整個宇宙聯合起來幫助你實現夢想的片刻。

當年，一個選擇聽從內心的聲音，回到土地上歸農營生的賴青松，彷彿喚醒了一整個時代，原來農耕並非落伍過時的象徵，反倒是一種正要抬頭的永續生活新選項！而今，在深溝群聚了一兩百個自主歸農的賴青松，這群志願農民來自四面八方，國內國外，胸懷各式各樣天馬行空的人生大夢，個個身懷絕技，只求一個能夠撬動世界的支點，一方能夠讓夢想扎根的所在。

老實說，至今自己仍然覺得不可思議，這一切究竟是如何發生的？一個人去樓空、處處休耕的凋敝農村，究竟因何能在短短二十年之間，成為台灣乃至東亞新農村發想創生的實驗基地，吸引了海內外關注新農村未來發展的目光？在跟文全討論本書架構的過程中，這條前人未臻之路才漸次明晰，原來在當年已屆尾聲的農業時代，鄉下的阿公為青松一家留下的，是一條返鄉親農的安心之路。如今，青松乃至於整個深溝新農社群，始終堅持的是為有需要的人們，打開一條進鄉歸農的療癒之路，而這或許正標舉著一個已然拉開序幕的新農業時代也未可知。

自序

來深溝村找到自己

楊文全

這本書是我與賴青松共同合作完成的。

本書的整體架構與故事主軸——為嚮往農村生活的都市人開一條路，是我們兩人持續討論了約一年才逐漸明朗的。雖然我是主要執筆者，但歷時約二十年的故事主角，則是青松。即使「倆佰甲新農育成平台」是由我發起的，但青松在其中負責向老農租地的任務，正是倆佰甲能夠成功運作的重要基石。「慢島生活公司」，則是我們兩人與其他幾位夥伴正式出資合作，青松是公司負責人。

這個合作的過程與結果，也記錄了我在深溝找到的自己。

面對長期從事農村規劃，卻始終無法實現理想的困境，終於讓我在二〇一二年，人生邁入半百之際，選擇來深溝種田，放手一搏。起心動念並非成為自給自足的小農，而是想讓自己成為一名農夫，並藉此觀察與研究網路普及為傳統農村帶來什麼樣的機會？我想讓自己擁有農夫的視角，洞察過去不解的規劃困局。很幸運地，我有機會見證網路時代新農村的崛起，甚至參與其中。而意外的是，半農半X的生活方式，讓我回不了頭，我第一次成為自己生活中的主角。

本書的序章，是我嘗試論述網路時代新農村的社會經濟樣貌。這一章所提出的理論概念，都是試著理解自己在深溝的行動與所見所聞，並將其概念化的結果。這是寫完博士論文後的另一次研究挑戰。這個挑戰有趣的是，我既是生活在其中的人，也是這種生活方式的研究者。生活倚靠直覺、主觀往前走，研究者則跳脫生活框架，客觀地觀察。

實際日常中，時時在主觀與客觀之間游移，挺刺激的；在寫作本書時，如何安置主觀的看法與客觀的鋪陳，也是未曾有過的經驗。

這本書的書寫，動念於二〇一七年春天。當時倆佰甲新農育成平台經歷了一次嚴重的核心分裂，我以為這平台就此蓋棺論定了，因此開始動筆書寫這段故事。但一提起筆，腦中竟是一幕幕恩怨情仇，而當事人都還在場，這書怎麼寫啊？怎麼跟大家見面啊？難道只能偷偷記錄下來，藏在牆壁中，等待五十年後新的農村黃金時代再度來臨時，供那時候的行動者參考？

我當時真的這樣想。而之所以這麼想，是因為我曾在宜蘭文獻中看到一幀照片。那是宜蘭農村開始工業化的年代，照片上，農田邊插著一塊牌子，上頭用毛筆寫著兩行文字：「這塊田因為有使用農藥，所以農夫可以到工廠上班。」

直到二〇一九年九月至二〇二〇年九月，青松因故把穀東俱樂部的工作室移到我家一樓，我有整整一年時間，利用青松每週三、四天手工包米的機會，跟他不斷討論。當時青松告訴我，他的很多做法都是為了後來的人「留一條路」。那時我才察覺，這正是那些纏繞著我的恩怨情仇為什麼會發生的關鍵。至此，這本書終於逃脫農村八卦的命運了。

很高興在與遠流出版公司的靜宜與昀臻討論本書的出版事宜時，由於她們在出版上的專業，幫我們看到了，我們在述說為後來的人們留一條路的故事時，其實是在分享我們「來深溝找到自己」的喜悅。

深溝的故事所反映的，正是這個人人想要追求自我、追求另一種生活方式的時代浪潮。

序章

網路時代的農村大未來

一、實踐田園夢的挑戰與機會

關切網路時代的農村發展議題，有一個重要的面向，就是如何為嚮往農村生活的都市人，在農村開一條路？

這一、二十年來，越來越多人從都市走向農村，追求夢想中的另一種生活方式。有人說，這是田園夢；也有人以為，是對自我主體的追求；還有人提出其他各種不同的觀點陳述。然而，無論這群人夢想什麼樣的生活樣貌，最大的共通點就是，試圖超越自己在當前資本主義工業化的都市社會裡，日復一日單調重複的生活。

從都市出走，在人類文明發展進程中，並不是一件新鮮事。十九世紀的哲學家亨利．大衛．梭羅（Henry David Thoreau），就曾經選擇離開都市，在美國麻塞諸塞州康科特鎮華爾騰湖旁的森林裡，過了兩年離群索居的日子。他在一八五四年出版的《湖濱散記》，即記錄了這段歲月，以及他對工業化都市生活的批判。梭羅那兩年素樸簡單的生活方式，在後來的一個半世紀裡，持續影響世界各地眾多的追隨者。

有趣的是，二十一世紀的追隨者們，不再需要強迫自己與世隔絕，才能擺脫社會體制的框架限制，追求個人想要的生活。拜網路科技與交通運輸發達之賜，如今我們可以輕易地離開都市，在任何地方開創想要的人生。社會學家曼威．柯司特（Manuel Castells）提出的網絡社會概念，就說明了這種生活型態其實已經來到我們眼前。

然而，對許多人而言，若要實際走進農村，仍舊存在著相當高的門檻。暫且不論在經濟上如何生存，光是第一步：取得田地耕作，就是一個巨大的挑戰。這主要是因為台灣農地的價格過高，購買田地從事農業生產已然失去經濟上的合理性。而如果想採取租用農地的形式，前提是必須與地主建立足夠的信任關係，但是對一個外地人而言，這顯然是另一項難題！

其次，在農村尋找適當的居所又是另一個挑戰。台灣農村長期歷經人口外流，存在著許多閒置空間，但是一個陌生的外地人要覓得適合的住處，依舊困難重重。原因在於這些閒置房屋的相關訊息，通常只在農村緊密而封閉的人際網絡之間流通，外來者無論是租用或購買，往往需要透過熟識的人脈，才能獲得這些資訊。

反觀農村這一端，長期作為糧食生產基地，也正面臨人口外流及超高齡化的窘境。過去長達半世紀以上的農業工業化進程中，農民的生產效率大幅提高，但也造成了農村勞動力過剩的現象。當都市文明逐漸主導了整個社會的價值觀，年輕人紛紛離開農村到都市打拚，連長輩都不希望家中孩子留在鄉下，擔心未來沒有出路。在這波大時代的滾滾洪流中，台灣社會終於被迫面對農村消滅的嚴肅問題。二〇一九年，政府正式啟動地方創生政策，就是想要從提振地方產業活力、帶動人口成長的方向，來回應農村發展的困境。

在這本書中，我們關心的是，網路時代的農村是否有再發展的機會？

我們眼前的境況：農村發展需要外部活力，同時有一群都市人嚮往農村。因此我們對於農村發展議題的關切，有一個重要的面向，就是如何為這群嚮往農村生活的都

市人，在農村開一條路？

近十年來，台灣農村（或鄉鎮）的第二代甚至第三代，也紛紛返鄉，無論是繼承家業或是開創新局，都有不錯的表現。相較於外來的新移民，走進農村是為了追求另一種生活方式；農村第二代、第三代返鄉，除了陪伴與照顧長輩之外，背後還有一個很重要的因素。亦即台灣農業正面臨轉型，從原來的工業化量產，快速朝向服務業化邁進，而服務業正是這批過去從農村湧向都市討生活的年輕人嫻熟的產業領域。**許多新世代帶著對服務業的理解與專精技術返鄉，結合家中長輩擅長的農業生產，以及各種既有資源，開創出強而有力的服務業化農業新型態。**

這個農業轉型的重要經濟動能，其實也是讓同樣具備服務業技能的外來者，在選擇走進農村時，有機會創造經濟收入的關鍵因素。

二、農村從工業化走向服務業化

服務業化農業的各種商業模式，在台灣早已百花齊放。但無限燃燒青春的狀態，距離真正盈利的商業化操作，還有一大段路途要走。

進入二十一世紀後，網路快速普及，台灣的農業朝向服務業化發展。現在大家所熟悉的休閒農場、觀光果園，就是當年政府積極鼓勵農民轉型經營，第一波農業服務業化的重要類型。當然我們也無法否認，如此轉型與發展，是建立在既有的工業化農業基礎上。

新崛起的服務業化農業，目的在於滿足消費者的特殊需求（want），強調多元作物，以及特殊化的小量生產。這種新型態，競爭的關鍵在於服務端如何集結具有相同特殊需求的消費者，形成足夠規模的採購力量，支持農業經營者進行產銷模式的創新。新的農業經營模式在於透過網路的聯繫，跨越地理界限，服務具有同樣特殊需求的消費者。

工業化農業則只是為了滿足整個消費市場的共同需求（need），因此，強調單一作物標準化的大量生產。其競爭關鍵在於生產端如何提高生產效率，降低成本。這樣的經營雖然是以個別地方市場為基礎，但最終仍是強調全球均一化的產銷體制。

在過去，以大規模生產為競爭優勢的工業化農業，有利於擁有金錢資本的大型農企業；而此刻的現在進行式，也就是掌握特殊需求的服務業化農業，則是以能夠取得消費者信任、認同的社會資本為其競爭優勢。這是小型農企業得以崛起的歷史性機遇。

工業化農業並不會消失，它與服務業化農業將是並行與互補的。在未來，它仍將占據絕大部分的農業產值，只不過，它已經走過了標準化的產業週期，在服務業化農業崛起之際，被迫進入大型農企業寡占的市場競爭階段。在工業化農業全球化的競爭中，它必然需要進一步擴大生產規模，降低成本，才可能持續保有大眾消費共同需求市場上的價格競爭優勢。

而新型態的服務業化農業，正處於創新發展的階段。與由生產驅動的工業化農業相反，服務業化農業是一種由需求驅動的新農業。為了滿足消費者的特殊需求，它需要在服務消費者的使用者介面（UI, User Interface）上進行商業模式（business model）的創新，並由此重整生產方式與流程，重新改寫我們所熟悉的「農業」定義。

從工業化農業到服務業化農業，是一種產業的結構性轉型，也可稱之為典範移轉（paradigm shift）。這樣的產業轉型是激烈而殘酷的。既有的工業化農業直接關係著社會的糧食安全，是國家安全層級的問題，因此，由政府的農業部門計畫生產，是一個合理的方式。在大量的政策補貼下，農民幾乎已經成為半個公務員，或是農業生產的特約工人，肩負為這個社會穩定地生產糧食的責任。

然而，服務業化農業還是全然處於自由市場競爭的產業。**簡單地說，農業的服務業化就是以原有的一級生產、二級加工為基礎，面對消費市場開店做生意，無論這個**

店是實體店面或虛擬店面，經營者要想辦法把產品賣給消費者。在這樣的邏輯下，政府不再扮演拯救農民、農業的神隊友，一切回歸到在商言商的世界。

在這個產業結構性轉型的關鍵時期，沒有人有足夠的經驗值，一切只能從錯誤中學習。在這樣狀況下，創新的風險特別高，成功的機率也相對低。這其實跟在美國矽谷從事高科技產業的創新冒險沒什麼兩樣，只是進場的資金門檻相對低很多。

這二十年來，在台灣各地農村，我們其實已經看到許多年輕的創業家，在田地裡辛勤勞動，確保自己商品的原物料來源穩定，同時也在農村的主要街道上開店面做生意，或是，透過網路平台銷售自己開發的商品或服務。服務業化農業的各種商業模式，在台灣早已百花齊放。只不過，我們可以看到大部分的經營模式，仍處於追逐夢想與分享熱情，但是無限燃燒青春的狀態，距離真正盈利的商業化操作，還有一大段路途要走。

至於大型企業在農村地區投資經營的事業，大體可分為兩種型態，一種是以建立綠色環保／永續經營的企業形象為目標的有機農場。這些有機農場在生產、行銷上確實投入許多資源，但受限於可耕地面積與在地氣候等條件，本身的品項與產量，往往無法滿足市場消費者的需求。因此，這類型的企業經常需要跟其他農民契作，或是直接進口國外的有機產品。

另一種則是投資經營休閒農場。在滿足大眾消費市場需求的商業模式上，大型企業所投入的資金規模與提供的服務品質，遠非由原有生產基地改造而成的小型休閒農場所能比擬。這也是蘭陽平原上，由農民經營的休閒農場曾經風光一時，如今陷入經營困境的市場競爭因素。

不過，大型企業所經營的服務業化農業，不論是有機農場或休閒農場，其實都難以為在地農村帶來活化的效果。或許有人會覺得，這些大型企業的投資至少會提供就業機會。而政府目前所提出的地方創生政策，也很強調就業機會的創造。然而，企業在商言商、追求快速利潤回報的基本經營邏輯，與農村永續發展所需要的細水長流商業模式，在本質上可能並不一致，甚至是衝突的。除非企業本身，將協助所在農村發展視為創業的關鍵理念，並由此建立可永續經營的商業模式。

由此可見，**一個農村要藉由農業服務業化進行轉型，無論是透過小型農戶或大型農企業，必然是要在農村發展的利基與商業化操作之間，找出合適而可操作的平衡關**

係。位處宜蘭縣員山鄉近山地區，以深溝村為核心的幾個村落，過去二十年的發展，正是值得被討論的案例。

深溝村及其附近幾個村落，經濟活動以種植水稻為主，並不特別，因為在蘭陽平原上有上百個這類型的農村。不過，從地理條件來看，深溝村所在之地位於蘭陽溪北岸的高平原地區，擁有豐富的湧泉水脈，水質清澈，同時背倚面向東南的雪山山脈，日照充足，通風良好。這樣的微氣候不僅有利於水稻生長，也適合人們居住，加上開車到宜蘭市約十五分鐘、到台北約一小時的交通條件，應是此處至今能聚集上百位新型態小農在此定居的必要條件。

這些新型態的小農，絕大多數來自都市的各行各業，沒有農業背景與經驗。他們在此從事友善環境的農耕活動，並落實在都市無法實現的夢想。這樣的一股外來活力，很自然地以農業為基礎，在此開展出各式各樣的服務業商業模式，而作為新農群聚核心的深溝村，自然是受惠最多的村子。

在深溝村既有的經驗裡，真正令人滿足、滿意的商業模式，其實是由以下兩種類型的人：「半農半X」與「半X半農」共同合作完成的。

三、「半農半X」與「半X半農」協力合作

新與服務業化農業要打進消費市場，需倚靠「半農半X」與「半X半農」合作，才能夠建立有效的商業模式，把農村與都市重新連結起來。

「半農半X」這個概念，最早源自於日本作家塩見直紀。一九九五年，塩見直紀先生受到作家兼翻譯家星川淳「半農半著」生活方式的啟發，開始倡議「半農半X」理念。

塩見直紀認為，在現今面臨種種問題的社會中，以半自給自足的農業與自己喜

歡的工作（X）齊頭並進的生活方式，將會是最幸福的生活選擇。它追求不被時間與金錢逼迫，回歸人類本質的理想生活（塩見直紀，《半農半X的生活》，遠見天下文化，二〇〇三）。二〇〇〇年，塩見直紀還回到家鄉京都綾部，設立了「半農半X研究所」，致力推廣與實踐「半農半X」理念。

二〇一三年十月，東華大學舉辦了一場「花蓮半農半X研討會」。研討會中，主題演講就是由塩見直紀分享「『半農半X生活』十年回顧及未來願景」；而在宜蘭深溝村耕種友善稻作的賴青松，也以「從穀東到倆佰甲的半農興村記」為題，分享了深溝新農群聚的案例。這是第一次，深溝村新農群聚與半農半X概念連結在一起。

二〇一三年歲末，賴青村成立的「穀東俱樂部」發行十週年紀念年曆，標題就是「半農興村」四個字。因為賴青松在深溝村從事友善耕作十年後，終於看到周邊出現了一群來自都市的同好，帶動深溝村的友善農耕與田園生活氛圍。這群來自四面八方的新農夫，除了喜愛並力行友善耕作，也同時以他們自身的專業背景，關注農村社會的各種公共事務。這張年曆以空拍俯瞰的角度，描繪出一個桃花源似的農村景象。樸拙的筆觸與調和的色彩，呈現的正是這群沒有農村經驗的都市人，以一種天真浪漫的心情，帶著自我想像的農耕方法，在此共同擁抱土地，追尋並實踐自己的夢想。

源自日本的半農半Ｘ概念在深溝村新農社群中落地，它的內涵也在此被轉化。**在深溝村的新農社群中，半農的「農」，其實指的是新農的一個重要收入來源，其作用不僅僅是為了自給自足，還可以讓自己原有的專業或興趣，也就是半Ｘ的「Ｘ」，從既有的都市社會體制中抽身，取得高度的自主性，開創出新的內涵與實踐形式，並有機會由此取得另一部分的收入。**我們也可以用現在流行的「斜槓人生」概念，來指稱半農半Ｘ。而這就是懷抱農村夢的都市人，得以在農村存活的經濟模型。

然而，現代人的「半農半Ｘ」與傳統農村的「兼業」，有什麼不同呢？從外在的呈現來區分，半農半Ｘ是對理想生活的主動追求，想要取得人生自主權；而傳統的農村兼業，多半指農人在農閒時間賺取其他收入，是一種因應農耕需要的被動結果。從前者的角度來說，半農與半Ｘ之間，往往會產生某種微妙的相互影響。例如來到深溝村的新農經常發現，個人原有的專長Ｘ，因為多了農的元素，而開始有了春夏秋冬的節奏。也就是說，個人專長受到農耕節奏的限制與充實，開始產生變異，而有了新的原創內容。延伸而論，我們也會發現Ｘ在農村裡的實踐，的確也讓移居者各自的農耕操作，更為貼近消費者。

在服務業化農業的新結構中，半農半X生活者具備了一種重新連結生產端與消費端的實踐能力。這個「農」是一種特殊的生產方式，除了滿足自身的特殊需求——例如想吃到不含農藥的米，或是某個品種的蔬菜。生產的農產品多了，也可以透過普及的電腦網路與便捷的宅配系統，銷售給分散在不同地方市場、有相同需求的消費者。而其中的「X」，雖是指個人的專長或興趣，但也可以用來凝聚與經營消費者對於生產者的認同、支持，從而提高對農產品的購買意願，例如：定期提供生產資訊，或是舉辦產地拜訪活動等等。

然而，儘管半農半X的產銷模式可以有效連結生產端與消費端力量，卻依然有其極限。經過多年對於深溝新農經營模式的觀察，它所能觸及的消費者，除了親朋好友之外，多為同溫層中原來就具備相近理念的同好，無法觸及一般大眾市場。究其原因，半農半X生活者在與消費者互動時，過於強調農耕生活的樂趣、友善環境的耕作型態，反而忽略了或是不擅長一般大眾消費者所需要的商業模式。近兩三年，深溝半農社群終於突破了經營的瓶頸，這是在某些機緣下，與幾位擅長都市服務業商業模式，熟悉一般消費者需求，同時也認同農村價值，但大多只種一小塊田的夥伴展開合作所致。在概念上，我們稱這些夥伴為「半X半農生活者」。

新興的服務業化農業要打進一般消費市場，需要倚靠「半農半X」與「半X半農」的合作，才能夠建立有效的商業模式，把農村與都市重新連結起來。「半農半X」在農村端經營，熟悉在地生產活動，有能力調整作業流程來滿足消費端的各種需求；「半X半農」則在消費端經營，熟悉使用者介面，並持續與消費者互動以掌握市場動態，也能夠整合消費者與生產者兩端，保持順暢溝通。至於真正可行的商業模式，則是這兩類型的人在經營過程中不斷磨合的結果。

長期積極關心地方發展的林承毅，在其撰述的《二地居：地方創生未來式》（天下文化，二〇二一，謝其濬合著）中，也提出類似的看法。他認為，許多面臨衰退命運的地方社會，若要尋求再生的契機，關鍵在於以下兩種類型的人們共同合作：

風型人：「從既有地方之外，乘著，抱持著理想而來。帶著新奇的事物、消息、人、意識而來，同時也反向對外散布訊息，因而成為擾動區域內凝結且停滯不動空間的發動機。」

土型人：「腳踏實地在地方默默耕耘者，從基礎扎根，投入如養育生命一般的實業。」

在林承毅的觀察裡，風型人往往圍繞在土型人的周邊，成為他們的支持系統。而我們在此提出的半農半X生活者，就是林所稱的土型人，而半X半農生活者，則為林所稱的風型人。

四、農村復興：共享經濟與交換經濟的競合

在看似衝突的兩種經濟模型之間，找出各式各樣可行的創新合作模式，是農村經濟復興最重要的課題，且必然要仰賴能夠帶進新思維的行動者。

在這個農業服務業化的年代裡，我們觀察到農村經濟的復興，呈現出兩個明顯不同的層次。

首先，農村經濟的復興，基本上是由共享經濟的模式所支撐。這裡所說的共享經濟，是指以農村生活與價值的共享，重新活化農村的經濟活動。這樣的經濟活動，是

以在農村扎根的、個別的半農半X生活者與其連結的消費社群為基本單元，透過半農半X生活者在特定農村的集結與串連合作，為這個農村的經濟活動注入新活水。換句話說，半農半X生活者透過持續性的農產品銷售，或是籌劃產地拜訪、田園體驗等活動，逐漸形成一個長期支持農村經濟的消費社群聯盟。

當然，這樣的消費社群聯盟仍然有其侷限。無論半農半X生活者如何積極拓展各自的消費社群，或是彼此之間在行銷上進行串連，這個專屬特定農村的消費社群聯盟，其整體經濟活動依然不脫同溫層市場，經濟規模仍然有其極限。

為了進一步打入大眾消費市場，農村經濟的模式，就必須走向交換經濟。這裡的交換經濟，指的是以自由市場的運作機制與商業模式，來服務一般消費市場的共同需求，以擴大農村經濟的規模與效率。如前所述，這樣的農村經濟活動必須倚賴半農半X與半X半農的合作才可能達成。

這類型經濟活動所服務的消費者，雖然消費能力強，市場規模大，但是消費傾向求新求變，忠誠度低，它所需要的商業經營模式，不利於追求穩定、自主的半農半X生活者。因此，少有半農半X生活者願意積極投入這類型以追求商業利潤為主要目標的事業經營。

很顯然，在復興農村經濟的模式上，共享與交換之間，存在著某種競合的兩難關係。**對於農村來說，它需要共享經濟，才能聚集半農半X生活者，滿足消費端的特殊需求，重新翻轉土地的價值；同時它也需要交換經濟，在大眾市場上賺取合理的商業利潤，為新型態的農村生活提供穩定的經濟基礎**。但是，共享經濟與交換經濟，在運作邏輯上存在著基本的衝突。前者是生活優先於金錢，後者則金錢優先於生活。

基本上，半農半X生活者離開都市、追求農村生活的動能，潛藏著某種不看重金錢、商業的取向；同時，他們在特定農村的群聚，還會在一種正反饋（positive feedback）的作用下，彼此不斷強化這樣的取向。雖然，共享生活的取向，並不完全等同於反商，但是，同溫層效應確實在面對商業活動時有種反射性的疏離現象。

反之，從交換經濟的角度來看，只有發展出有效的商業模式，半農半X生活者所追求的農村生活，才有永續的可能性。在這樣的觀點中，半農半X生活者待在舒適的同溫層中，若只是一味地降低物質需求，而不積極經營市場，在消費者的熱情燃燒殆盡或興趣移轉時，他們該如何持續農村經濟活動，保有理想生活，就成為了無法逃避的課題。

因此，在這兩種看似衝突的經濟模型之間，找出各式各樣可行的、創新的合作模式，就是今天農村經濟復興最重要的課題。不過，話說回來，**新的農村經濟活動必然要仰賴能夠帶進新思維、採取新行動的創新者，無論他們是半農半X或是半X半農。而要在傳統農村中引進這樣的創新者，則需要一個特殊的中介平台，一方面調節既有農村與創新者在文化與價值觀上的差異與衝突，另一方面則讓農村注入新活水，同時也支持這些外來的創新者得以落實他們理想中的農村生活。**

五、打造新農育成平台

育成平台的現實問題是，如何找到足夠農地來支持新農？有閒置房舍得以進駐？要建置耕作設備嗎？新農夫與地主、村人、服務提供者發生衝突怎麼辦？

要讓來自都市、懷抱農村夢的生活者順利移居農村，有四件事是至關重要的。

首先，就是農地的取得，這是最為關鍵的。然而，一般說來，外來又沒有經驗的都市人想要在農村裡取得農地耕種，根本就是一件比登天還難的事。雖然，在衰退的農村裡，有許多沒有人耕種的田地，即使條件不佳，但是要一生看顧著這些田地的老農夫，將它交給一個陌生又沒有耕作經驗的外地人，是不可能的。除非，有可信任者作為中間的保證人，這些老農夫才可能將土地轉移給新農夫。

其次，移居者需要居住的空間或房舍。雖然，在現今人口快速減少的農村裡，存在著許多閒置無用的空屋或空房，但對於初入農村的外來者來說，人生地不熟，根本很難找到；即使找到了，屋主也不放心把它租給外地人，遑論還住著老人家的房子；就算有空房間，在安全與生活習慣的考慮下，也不會輕易租給陌生人。然而，如果有熟人介紹與保證，在增加收入的考量下，這類空間就比較容易被移居者取得。

第三，新農夫需要農耕技術的支援。毫無疑問的，幾乎所有新農夫都沒有耕作的經驗，因此，必定需要有人指導。然而，吸引新農夫的耕作方式，例如：不使用農藥的友善耕作，與既有農村裡絕大部分老農的習慣，不僅不同，還有明顯的衝突。同時，在強調規模化的機械代耕上，代耕業者是很不願意為耕作面積極小、陌生的新農夫服務的。因此，新農夫在農耕技術上，還是需要特定的服務來協助。

第四，陪伴。這對於初入農村的夢想者，是最重要的。這不只是因為，外來者人生地不熟，需要有人提供各式各樣的生活資訊；更關鍵的是，這些都市人對於投入農村生活，心中總是有千百個疑問，例如：務農能夠為生嗎？是否能夠適應？如何找工作？等等，這些問題通常只發生在踏入農村的初期，反映的是面臨生活方式轉換時的焦慮，並不一定是真實存在的問題。面對這樣的焦慮，只需要有經驗的先行者耐心陪伴，協助他們順利而安心地走過這段轉換期即可。

一個能夠支持新農夫進入農村的平台，大抵上能夠滿足上面這四件事，即可順利運作。對於先行者來說，這些工作並不難，而且在陪伴新來者上，通常還會有很多樂趣與成就感。但問題是，要如何能夠持續提供這樣的服務呢？這不僅是因為，這樣的個人服務很難收取費用，以及熱情不易維繫；更現實的問題是，如何持續在農村裡找出足夠的農地來支持新農夫的發展？如何取得閒置房舍供新農夫進駐？是否要建置自己可以掌握的耕作設備？當村裡人看新農夫不順眼，或新農夫與地主甚至服務提供者發生衝突時，該怎麼辦？

在深溝村二十年的歷程中，這樣的服務平台，我們至少可以看到三種類型。

第一種是類似消費合作社型態的「穀東俱樂部」。穀東俱樂部是由約三百位消費者（稱為「穀東」），透過共同承擔風險與支付田間管理員薪酬的方式，支持田間管理員（農夫、賴青松），管理約五到七甲的水稻田。而穀東俱樂部則以提供幫農、產地拜訪、暫時住宿空間，以及實習農夫計畫，讓穀東們有短暫體驗農村生活的機會。

第二種，集體合作的「倆佰甲新農育成平台」。在穀東俱樂部在地經營十年的基礎上，倆佰甲以新農們的志願性集體力量，共同提供新農育成平台的各種服務。這個平台有效地促成半農半X生活者在深溝村的群聚，並由此開展出百花齊放的多元社會創新。

第三種則是類似社會企業的「慢島生活公司」。慢島公司由半農半X生活者共同出資組成，以商業化、組織化、制度化的經營型態，在穀東俱樂部與倆佰甲新農育成平台的基礎上，一步步將這兩個平台過去曾經提供過的各種志願性服務，一步步轉換成為不同的商業服務，如：支持新農進入農村的「慢島學堂」、提供短時租屋服務的「思源居」等等。

就是這些支持平台的營造，為嚮往農村生活的都市人，打造了一條相對平坦的進鄉之路。

六、虛實整合的新型態農村

新農村是中介於特定農村與各個都市之間，具備地理與社會核心概念，擁有獨特自然風土與人文歷史，是一個虛實整合的獨特網絡。

在半農半X生活者快速湧入農村之際，網路時代的新農村，正在重新定義人類的理想生活方式。無法被工業化標準產品與服務所滿足，刺激了一群具備半農半X生活能力的人們，前進農村，重新集結，以人類與自然和諧共存為前提，開發出各種農產品、相關商品與服務，並藉此重新建構出多元化、開放共享的生活方式。

在這樣的理想生活方式裡，使用者—生產者（user-producer）是主要的作用者。也就是說，身處其中的人們，既是生產者，也是使用者。當然，有些時候，有人主要扮演生產者，有人主要扮演使用者，也可能是同一人在某個階段扮演生產者，在另一個階段又成為使用者。因此，生產是緊隨著生活的需要或期望進行，而不是以商業利益為唯一考量。使用者—生產者們無論是居住在農村，還是仍然住在都市，會逐漸形成一個共享生活的社群。

這個社群，是由一個個具自主性的個人，由一而多、下而上，以一種分散式多核心的型態，組織而成。在這樣的社群裡，個人主體意志是受到尊重的，多元的價值與信仰是被珍惜的。每個人都可以成為夢想的領導者，前提是只要有人願意跟隨。有人會好奇，這樣的開放社群如何形成集體共識？這或許是個挑戰，因為這是一般人所不熟悉的新型態社會組織方式，要發展出這樣的開放社群型態並不容易。但這個挑戰也可能是個假議題，因為一旦進入網路的開放時代，所有工業時代發展出來、由上而下的封閉型組織型態，都不可能在這個時代取得有效的社群組成力量，甚至會因為違逆開放的環境條件，在發展的過程中，被迫調整而走向開放社群的型態。

當然，工業社會的體制並沒有消失，它是新農村發展的基礎。在生產端，這個體制仍然提供了必要的生產效率，因為服務業化農業只是對既有生產體制的流程，進行必要的調整，而非全然不同的一套新體制。在銷售端，一般消費大眾也可以是服務業化農業服務的對象，他們存在於都市，也存在於以工業化農業為基礎的農村，他們以各種面貌活躍於地方的消費市場中，習慣於既有的商業模式，只是相關消費活動仍然受到地理空間的限制。

而新農村的空間結構，是一種以新農業生產活動群聚發展的「地方」（如深溝村）為核心，經由虛擬網路聯繫上世界各地（包括深溝村）的生活者，組織成一個「虛實整合」的新型態農村。新農村裡的生活者們，彼此之間的聯繫是每天二十四小時不間斷地進行，緊密度並不輸傳統共同居住在一個村子裡的人們。這一種分散式的農村生活地景，不再受地理條件侷限。以各種不同農法耕作的農地，不至於因為地理上的分散而造成太大困擾，只不過，在實際操作上，地理上的鄰近還是能夠提高效率，至少可以節省往來不同田區的時間。相互合作的半農半X生活者們，也不必然居住在同一個農村，這不僅是因為在既有的農村裡，可取得的居住空間有限，也因為大部分的日常互動可以透過網路聯繫，所以在居住空間的選擇上，也產生較多的彈性。

新農村還是需要有一個為共享社群與一般消費者提供各項服務的實體空間。這些空間如果設置在既有的農村聚落核心區，還可以結合各種商業、交通與公共設施，提供更完善的服務。**至於半農半X生活者們的日常生活與工作場域，其實是在農村與他們原來就熟悉的都市之間流動，他們享有農村的生活環境，營造新的農村美學，但也沒有放掉都市所給予的便利與服務，以及兼職工作的收入。**

新農村仍是以特定傳統農村為主要的運作核心，在全球範圍內輻射所有的都市，吸引嚮往農村生活的人們，無論是來此居住，或是體驗；同時，也經由網路的聯繫與便捷的交通運輸，把產品與服務直接遞送到這些都市。換句話說，新農村是中介於特定農村與各個都市之間，具備地理與社會核心概念，擁有獨特自然風土與人文歷史。再強調一次，新農村必然落腳於一個真實存在的地點，但它的確是一個連結此真實地點的「虛實整合的獨特網絡」。

在全球，新農村與新農村之間已經可以超越工業體制中，由上而下的都市階層關係，以一種去階層化的對等關係，進行跨文化的往來與互動。然而我們無法否認，地理的鄰近性所導致生活文化的同質性，仍然深刻地限制著村際交往的可能性。在這個狀況下，在地文化如何成為促進村際交流的積極因素，或許是深溝村下一個二十年可以努力的方向。

這一章關於網路時代新農村的理論概念，以二十一世紀初，發生在宜蘭縣員山鄉蘭陽溪畔乃至近山一帶，一群半農半X生活者們在此群聚生活的故事為田野基礎。這群生活者來自台灣與世界各地，彼此陌生，有各自不同的成長背景，卻能在此群聚，為這個社會帶來一種令人羨慕的生活方式。

網路時代提供的技術與社會環境，為每個想追求自我的人們，提供了一個時代的機遇。很多朋友在認識深溝村美好的移居經驗後，總是會提出最後一個問題：「那麼，有多少比例的移居者後來離開了呢？」以不精確的粗估，因為各種原因離開的人大約占十分之一。大家聽到這個低比例都很驚訝，其實，道理也很簡單，鳥兒一旦放出籠子，就不可能關回去了。到農村「找回自己」，是整個深溝經驗最深刻的追求。

第一章

新手農夫
下田初體驗

一、從台北城奔向後山宜蘭

如果選擇離開台北，該到哪裡落腳呢？倘若不是出國念書，還有什麼離開台灣的可能呢？或許是年少鄉居經驗的召喚，他的心底出現一個聲音。

二〇〇〇年的夏天，賴青松懷抱著對農村的嚮往，舉家從台北搬到了宜蘭。他心中對於農村生活的美好想像，來自於國中時期，父親經商失敗後，被阿公帶回台中鄉下生活一年的經驗。他回憶起那一年，印象最深刻的通常都是在田裡的經驗：

比如一大早起來，我就會爬到土造瓦房的屋頂上，俯瞰四下的田地。清晨的稻田通常會有霧氣，那是一種很特殊的生活氛圍，有雞鳴，有鳥叫，感受很特別。從竹梯爬下屋頂，旁邊有很多果樹，四季都有不同的水果可以享用。有時候我們去溪底摸蜆仔，會在小溪裡接觸到很多生物，溪邊可能有過貓蕨、木耳，附著在朽爛木頭上，溪裡可以看到魚群優游自在。在鄉村，往往會跟大自然的各種生命接觸，那是很特別的體驗。而且透過食物，讓自己更直接與大自然產生了連結，還有對季節變換的期待。生活中，除了金錢方面較為短缺，那樣的環境，可以明顯感受到春夏秋冬的循環，冷暖或是乾濕，有各種不同的五官感受，很深刻，而且最後都化為美好的印象與回憶。

蟄居台中鄉下的經驗，似乎深深地烙印在賴青松的心裡。他開始受邀演講之後，總會提到那一年的生活。原本，並不太理解他為何總是以這段往事作為開場白，直到後來，才理解了賴青松講述這段往事的用意，其實是在強調，看似沒有競爭力的農村，竟然可以是都市的救命繩索；也開始意識到，在農村裡，為那些必須或想要離開都市的人們，留一條路的重要性。也是這樣的一股心念，串連出過去二十年，賴青松一家與後繼進鄉的小農們，在宜蘭深溝村的點點滴滴。

那年，賴青松三十歲，他與家人面臨不得不選擇離開台北的困境。當時賴青松以日文翻譯為生，工作的狀態就是整天坐在家中電腦前。有限的收入，無法讓他與妻子朱美虹，以及兩歲半的稚女，在台北擁有一個獨立的居住環境。為了方便長輩協助照顧孩子，他們只能在雙方父母的家庭之間遊牧擺盪。這明顯並非長久之計。

於是，賴青松腦中浮現了一個念頭——離開台北。畢竟面對台北都會圈的高房價與高消費，根本無法擁有理想的生活品質；更為關鍵的，在他心底，從來就沒有在台北長久生活的打算。當時，賴青松還不知道下一步要往哪裡去，不過，面對眼前的困境，他認為只有離開台北、甚至離開台灣，才有新的可能性。

如果選擇離開台北，該到哪裡落腳呢？倘若不是出國念書，還有什麼離開台灣的可能呢？或許是年少鄉居經驗的召喚，他的心底出現一個聲音，希望能找到跟農業相關的工作跟生活。他曾經想到以色列的集體農場「奇布茲」（Kibbutz），卻因為外國實習者的年齡限制而作罷。最終，他選擇遷居到鄰近的農業縣：宜蘭。

決定移居宜蘭的原因，除了好山好水的農村環境之外，更重要的是孩子的教育環境。或許是緣分的安排，賴青松無意間得知，強調開放教育與藝術學習的慈心華德福學校，正在宜蘭冬山的青翠田野間踏出關鍵的第一步。

另類教育，原本對賴青松即有莫大的吸引力，剛滿兩歲半的女兒正好可以就讀華德福幼稚園；同時，學校正值起步階段，也需要招募有心的人才，校方很樂於提供教學或企劃行政的工作機會。而且，在華德福的教育體系中，農耕本來就是相當重要的課程，這也符合他想接觸農業的需求。

雖然，這個生活方案並不十分明確，但至少提出了一個離開台北的想像生活雛型，不但有機會接觸農業，也提供孩子相對優質的成長環境。就這樣，賴青松一家把所有家當塞進一輛三手的麵包車，頭也不回地駛上北宜公路的九彎十八拐，朝向後山太平洋濱的蘭陽平原奔去。

剛開始，賴青松還無法想像接下來的生活。當時慈心華德福學校扮演了引介這一家人移居宜蘭的重要窗口。華德福幼稚園二樓的一間客房，是一家三口在宜蘭第一個落腳處。這裡不但是暫時的居住空間，也讓他的翻譯工作得以持續，因為只需要一張桌子與網路即可。兩週後，他們在幼稚園附近找到理想的租屋處，正式在宜蘭安定下來。

雖然華德福學校對他們一家的照應時間並不長，但確是一個起點。同時，移居的第一年，賴青松與朱美虹還曾先後在華德福學校擔任日語教師，開始從在地獲取額外的經濟收入。他們因而與華德福學校的老師及家長們熟識，建立起在地人脈關係，這對他們之後在宜蘭的生活及工作，是一個重要的支持網絡。

二、湧泉圳溝間的美好生活

圍牆裡是自家拈花惹草的小院與家屋，外邊是圳溝、湧泉與寬濶的農田，這正是他們一家的日常寫照，也讓他意識到，在都市之外，還有另類生活的可能。

賴青松與朱美虹從來沒有想過，搬到宜蘭農村生活的前兩年，竟是如此美好的體驗。

他們的住所距離華德福幼稚園不遠，是一幢位於巷底的兩層樓透天厝。屋子雅緻，有個小小的院子，矮牆外緊鄰一條湧泉圳溝，站在院子裡就可以釣魚。從浴室的窗戶向北遠望，還能經常看到雲瀑流瀉的雪山山脈，是一處饒富趣味的空間。這樣的環境氛圍跟台北完全不同。而且開車十五分鐘就可以抵達羅東火車站，對外交通十分便利。更讓人訝異的是，每個月的房租只要六千元。

那時，距離雪山隧道通車還有六年，阡陌縱橫、渠圳交錯的蘭陽平原，正是賴青松一家人日常輕鬆散策的所在。當時他主要收入來自日文翻譯工作，而華德福學校的日語教學，須自行開發內容，賴青松自覺無力勝任，只持續了一學期；身為新手媽媽的朱美虹，也因為孩子無法適應幼稚園新生活，放棄了同校的教學工作，回家專職帶孩子。

這段在家工作的時光，給了賴青松一家探索宜蘭鄉居生活的好機會。他們經常準備好三明治或漢堡，趁早上陽光和煦溫暖，騎著單車到附近的梅花湖野餐。那時，起早登山的銀髮族已散去，觀光客的身影還未出現，置身靜謐的湖畔，會以為整個湖區是自家的大水塘，一家人好像住在風景畫裡，有種難以形容的奢侈感。台北的朋友來訪，賴青松也帶他們四處遊賞，羅東溪上游的寒溪吊橋跟伏流溪谷，松樹門一帶的平地湧泉水池，都是夏日清涼戲水的好地方；喜歡料理的朱美虹更喜歡帶朋友們往海邊跑，南方澳的漁港市集與內埤海灣，成為待客的最佳景點。

移居宜蘭之後，賴青松與朋友間的來往關係，開始發生了化學變化。住在台北的時候，與朋友們見面總是來去匆匆，在捷運站相遇的機會甚至更多一些。而且大家多住在侷促的公寓裡，較少相約互訪。到宜蘭鄉下後卻大不相同，朋友們假日到宜蘭走走，興之所至就給賴青松撥電話，隨即一家子就出現在庭院的門口。賴青松生性好客，朋友們突然造訪，並沒有造成太多不便；相反地，他會利用這機會，放下翻譯工作，連同家人一起出門遊山玩水，跟朋友分享在鄉間的日常生活。

大家羨慕賴青松的宜蘭生活，幾乎每個星期都有舊雨新知來訪，一時之間，他成為朋友圈中最受關注的焦點。他也因此赫然發現，朋友們幾乎對鄉村生活一無所知，他們很好奇賴青松住在什麼樣的地方？他對未來有什麼計畫？究竟靠什麼賺錢過生活？賴青松選擇移居鄉下的動機與勇氣，不斷激起他們心中的漣漪。

當時，賴青松將自己在日本生活俱樂部生活協同組合（簡稱「生協」，亦即消費合作社）學習共同購買運動的經驗，寫成了一本書《從廚房看天下》（遠流出版，二〇〇二）。專程到宜蘭進行新書採訪的《中國時報》記者，似乎對作者晴耕雨讀的生活更感興趣，報導文章上大大的標題寫著「實驗生活」。照片上滿臉笑意的賴青松抱著女兒，跨坐在院子與湧泉清溝之間的短牆上。圍牆裡是自家拈花惹草的小院與家屋，外邊是圳溝、湧泉與寬濶的農田，這張照片正是他們一家的日常寫照，也讓他意識到，在都市之外，還有另類生活的可能。在二十一世紀初網路經濟風起雲湧的浪頭上，多數人認為這樣的夢想是退休人士的專利，但賴青松在三十歲那年，就選擇實現如此生活。

來到宜蘭後，有形的壓力減輕許多，購物、外食、油資、停車之類的開銷減少，與家人朋友相處的時間增加，生活品質明顯提升，這讓賴青松察覺到鄉村生活的魅力。或許是城鄉之間輾轉流離的成長經驗，他很早就開始思索不同生活的各種可能性。「我從來沒有想過在台北要有什麼發展。比方說開個店面，加盟連鎖品牌，或是開展什麼樣的事業，當時我對都市生活是完全沒有想像的，但是心中有一個鄉村生活的圖像。我常常想著，如果我有一片田地，或是有一座植物園，甚至擁有一座山，朋友來的時候，我就可以帶大家去那裡玩！後來發現或許自己不必要真正擁有，我的鄉村生活就可以跟大家分享這些。」而這顆定居鄉村、分享生活的種籽，或許早在他年少蟄居台中鄉間時便已種下。當朋友們從四面八方到宜蘭拜訪，也是他得以暫時放下手邊的翻譯工作，帶著他們登高遠眺，渡溪涉水，尋求身心放鬆的好機會。

移居宜蘭的實驗生活，還讓賴青松有機會靜下心來完成兩本著作。《走過阪神大地震》是一個募資出版計畫，緣於他曾負笈東瀛，在一九九五年阪神大地震發生前不久才造訪過神戶，對於天地造化的無情深有所感。一九九九年台灣發生九二一大地震，賴青松希望能透過文字，將日本的災後重建經驗介紹給投入災區救援的朋友，才在恩師的鼓勵下進行了這個計畫。另一本即是前述的《從廚房看天下》，記述日本生活俱樂部推動消費者運動的歷程，以及他在實習階段的第一手見聞。

兩本著作陸續出版之後，曾有朋友開玩笑，蘭陽平原不但有好山好水，還有豐饒肥沃的知性土壤，才能讓賴青松在短短的兩年內，即生產出兩本好書。

三、分享資訊成為一種社會運動

前臉書時代的臉書，沒有部落格時代的部落格。
賴青松把資訊分享當成一種社會運動，希望把自己的日常感受盡量傳遞出去。

拜網路發展之賜，移居後山的賴青松並未與世隔絕，且他一直有個習慣，就是透過網路電郵，與朋友們分享自己生活的點滴。也由於這個習慣，他與朋友即使分處兩地，甚至隔著千山萬水，也能夠維繫彼此之間的互動與熟悉感。這個持續不輟的筆耕習慣，在後來賴青松專心投入友善稻米生產，經營「穀東俱樂部」時，於獲取消費者的認同與支持上，也發揮了至為關鍵的作用。

原來，這個分享生活訊息的習慣，是賴青松在「主婦聯盟」共同購買中心任職期間，赴日擔任「生活俱樂部生協」的實習生期間養成的。生活俱樂部是日本極負盛名的消費合作社，當時擁有二十多萬戶的社員家庭，還曾於一九九五年被聯合國選入對人類社會有貢獻的表揚單位。而賴青松當時身為台灣主婦聯盟選派的實習生，主要任務就是把在生活俱樂部的所見所聞，轉化成為文字與照片紀錄，向台灣主婦聯盟與日本生活俱樂部聯合會回報。

在短短一年的實習生活中，他曾經在山梨縣的富士山腳下，與生協的專務理事高橋先生生活了一個月；也曾經住進神奈川縣的年輕職員宿舍，度過一段典型日本上班族日子；還遠赴東北的岩手縣重茂町拜訪漁會，了解城鄉之間如何進行雙贏的產銷合作模式。這段期間的現場參與式實習，在賴青松心中留下鮮明而深刻的印象，也激發他向更多人傳達這份經驗的強烈動機。**這段將個人所見所思，透過文字記錄，進行思辯討論，再成為組織行動契機的過程，讓他深有所感，也在不知不覺間化為他生命實踐的重要方法。**

從這個角度來看，移居宜蘭可謂是另一個實習階段，只不過這次沒有出資或贊助單位。賴青松藉由與朋友間的電子郵件往返，以文字、照片分享在宜蘭的點滴，或者每隔一段時間整理出些許心得。內容不外乎是當時的翻譯與寫作，以及開墾種菜、去梅花湖遊玩之類的瑣事。其中最正式的一篇文章，即是日後他第一次種植並且銷售自家稻米時，寫給每位購買者的〈青松米手記〉。這篇文章描述新手農夫從整地、插秧到收割、曬穀的心路歷程，以隨米附贈的方式，放在包裝雅緻的棉布袋裡，交到消費者手中。

當時書信往來的朋友大約有數十位，分屬幾個交友圈。他以「興趣圈」來區分往來的朋友。因為工作需要，賴青松會跟翻譯社與出版社的人往來；之前在主婦聯盟認識的同事與農友，也是保持聯絡的對象；此外，長期關心與參與環保運動，也有一群社運圈的好朋友；來到宜蘭之後，藉由華德福學校認識一群關注體制外教育的新朋友；透過擔任慈林基金會講師的緣分，與關心社會正義的熱血青年有了交集，這些都是新的交遊圈。分享過程會持續滾動，不斷連結新的緣分。

這樣的分享習慣延續多年，以賴青松自己的話說，這好比是「前臉書時代的臉書，沒有部落格時代的部落格。」他把資訊分享也當成一種社會運動。希望把自己的日常感受盡量傳遞出去。其實在生活方式上，賴青松已經做了一個具某種社會運動意涵的選擇；因此，他的分享，亦富有強烈的運動性格。這種日常生活戰線型的社會運動，在當時的台灣，仍然是非常少見的。

四、決意轉業從農的契機

真正促成賴青松赤足下田的理由其實很簡單，他需要一個舒展身心的方法。滿眼的青山綠水，有機會耕耘自己心中的那畝田，更是求之不得的心願。

農村生活的順利開展，現實壓力的減低，也間接促使賴青松思考轉行的可能性。這通常也是都市移居者，所面臨最根本的考驗。

儘管當時雪山隧道尚未開通，宜蘭與台北之間的交通仍十分不便，但託漸次普及的網際網路之福，賴青松仍得以繼續從事原本的翻譯接案工作。且由於趨向安定，他反而更有條件挑選自己感興趣的案子。

不過，也因為網路的急速發展，當時台灣許多的翻譯工作，也快速地被外包到海外工資更低廉的地區。在如此全球分工的大趨勢底下，賴青松意識到自己在台灣從事翻譯專業的侷限，因此，他進一步認真考慮轉業。

從農的確是賴青松積極考慮轉業的選項。在台中鄉下阿公家度過的那一年，讓他對農村留下深刻印象。後來，在主婦聯盟共同購買中心任職期間，由於從事採購工作，有機會到各地拜訪有機農民，因此對於台灣農業有了概略的認識。不過，真正促成他赤足下田、投入農耕的理由其實很簡單，那就是在整日面對電腦工作之餘，他需要一個舒展身心的方法。而且一家人好不容易搬到鄉下，滿眼的青山綠水，有機會找個地方，耕耘自己心中的那畝田，更是求之不得的心願。

當時，從羅東跨越蘭陽溪到深溝村的葫蘆堵大橋方才通車，而深溝村是朱美虹的故鄉，丈人在村裡正好有一塊兩分半的水田，從羅東住家開車到田邊不到十五分鐘。原本這塊田地由親戚代耕管理，討論之後，他們決定向岳父借用這塊田地，幸運的是喜歡種菜的岳父一口答應，這也是賴青松在深溝取得耕作權利的第一塊田地。

然而，兩分半的水田對於種稻素人來說，已經算小有規模，勢必需要專業技術與經驗的支援。此時，賴青松在主婦聯盟任職時期結識，對於有機農耕具有高度熱忱的農友前輩何金富，成為他投入農耕非常重要的陪伴者。如果沒有何金富，賴青松的故事，乃至於深溝村今日小農群集的景象，恐怕又是另外一番光景了。

五、前輩何金富的陪伴與技術指導

賴青松的歸農生涯從菜園開始，耪田、整地、做菜畦、肥料施用等花費，由何金富支付；菜園的規劃與操作，也依照何金富的指導進行。

熱愛耕種的何金富，從賴青松一家遷居宜蘭之初，就鼓勵他耕種有機蔬菜。在何金富的慫恿及鼓勵下，他按照電話彼端的指示，從購買什麼種籽，怎樣育苗，到何時使用何種肥料等等，一步一步地，在自家院子種起菜來。由於初期的成果不錯，他的農耕歲月才有勇氣繼續往前。而其實，在更早之前，賴青松選擇離開主婦聯盟，還在台北接案翻譯的那段日子，就經常利用空檔，到何大哥位於淡水山上的菜園，一邊聊天一邊學種菜。

何金富是一個喜歡創新、勇於實驗的農夫，之所以積極鼓勵賴青松下田耕作，有部分原因也是想藉由兩人的合作，在宜蘭嘗試種植一些不同的作物。而對於當時的賴青松而言，下田不難，但是要支應兩分半的菜園所需要的成本，就有些為難了。更何況，也需要有人能即時支援相關的專業技術，因此，何金富自然成為這個耕作計畫的出資者及技術指導者。簡單地說，一個負責現場作業，一個負責後勤支援。雖然平時何金富是遠端遙控，但還是會經常走訪深溝菜園。

換句話說，賴青松的歸農生涯是從菜園開始的。向丈人借用的兩分半田地，雖說剛開始只種植了不到一半的面積，舉凡耪田、整地、做菜畦、肥料施用等等的花費，都是由何金富負責支付。而菜園的整體規劃與操作方式，也都是依照何金富的指導進行。賴青松負責的部分，則是每週撥出三、四個下午翻土、種植。平時，何金富不時打電話關心種植進度、蔬菜成長情況，賴青松也會請教菜園裡的各種疑難雜症。就這樣，在何大哥的陪伴下，賴青松開啟了屬於自己的務農生活。

然而，旁人的陪伴終究只是一個起點，諸多種植實務，仍須由賴青松自己設法面對、承擔與處理。他並非專業農夫，兩分半的農地幾乎成了肩上不可承受之重。

二〇〇〇年冬天，不到一分地的菜園照顧工作，就把他搞得人仰馬翻，那剩下的一分半田地，該怎麼辦呢？眼看著春天的腳步接近，村子的農民都在準備插秧，完全沒有種植水稻經驗的賴青松，在沒有其他選擇的情況下，跟著村民的腳步，把剩下的一分地也種上水稻。結果，過程讓他吃足了苦頭。就結果來看，在水稻生產已經機械化、規模化的年代，區區一分半水田的非標準化稻作生產，反而顯得困難重重。

六、選擇友善耕作水稻是考驗

找不到願意代工碾米的業者，雪白的米粒間摻雜著無數小碎石。當下賴青松的心中只有一個聲音：原來一碗飯從田裡到餐桌是如此遙遠！

其實，賴青松不曾有過種水稻的念頭。即使曾經任職於主婦聯盟，也很少接觸種植稻米的農友。何金富的專長也不在水稻。在這樣的情況下，第一年只能說是趕鴨子上架，等到稻子開始出現狀況了，才急忙四處找資料，尋求後援，幸好最後總算是有驚無險地收割了。但由於收成的稻穀數量不多，根本找不到願意協助烘穀的業者，最後只好在鄰田老農的指點下，一耙一耙地在盛夏的豔陽下翻堆曬穀，但此時他還不知道最困難的考驗還在後面等著他。

原來，賴青松種的是秈稻，屬於長米品系，不屬於農會公糧收購的範圍。原本種植的人就不多，而且只有區區一分半的量，在忙翻天的一期收割農忙期，他四處打聽，就是找不到願意代工碾米的業者。幾經周折才恍然大悟，原來方便的機械化耕作與大量生產背後，有著一整套的運作邏輯與慣性！

台灣所生產的稻米有九成屬於圓形的粳稻（蓬萊米），因此從割稻機、烘穀機到碾米機，一整套機械設備都是為了蓬萊米量身打造。如果不信邪地把長秈米直接送進碾米機，不是脫殼不完全便是米粒折損，效率打折扣。當然，如果熟練的業者願意停下手邊的工作，重新調整機台參數為君服務當然沒有問題，但這對初來乍到，菜到不行的新手農夫來說，無疑是難上加難。

最終，賴青松好不容易找到一位好心的親戚願意幫忙，待把碾好的米一袋袋搬回家裡，才發現雪白的米粒間摻雜著無數小碎石！原來，曬穀場多年無人使用，表面早已風化，碎裂的沙粒就這麼混著稻穀，穿過碾米機組回到了家中的廚房。當下賴青松的心中只有一個聲音：原來一碗飯從田裡到餐桌是如此遙遠！

為什麼賴青松會選擇種植秈稻而非粳稻？原來他在主婦聯盟工作期間，曾經接觸過種植秈稻的生產者，知道秈稻具有較高的抗蟲性及抗病性，符合有機栽培「適時，適地，適種」的基本原則，對於不使用農藥的新手農夫來說也相對友善。

在第一次挑戰種植水稻的過程中，何金富主要扮演提供耕種意見的角色，尤其是在肥培管理的部分。儘管他本身也不熟悉水稻的栽培，卻樂於將栽種各類菜蔬的基本原則，活用於無農藥稻作的管理上。例如賴青松直到今天仍持續使用作為稻田基肥的米糠，便是何金富的建議。剛開始在水稻田撒布米糠的時候，賴青松著實遭受身邊不少老農的冷嘲熱諷，因為米糠的氮肥含量不高，價格比起一般化學肥料高出許多，他們無法理解為何要這麼做？然而後來賴青松在日本的農業雜誌中發現，日本的有機農夫很早便懂得使用米糠，作為滋養及豐富土壤中微生物相的法寶。

總結來看，在第一次農耕過程中，何金富無疑扮演了關鍵的角色。除了實際出資及提供技術支援之外，心理上的陪伴與支持或許更為重要。畢竟從借用丈人農地的第一天開始，整件事情便進入鄉間社會的檢視範圍，在賴青松肩上或多或少有著只准成功的壓力。另一方面，雖然投入的成本不算高，但無論是金錢或時間的投資，能夠獲得合理的回報才能持續經營下去。因此，當年如果沒有何金富，賴青松進鄉歸農生涯的第一步，恐怕沒有辦法如此順利。

半農理想國

七、第一袋「青松米」半買半相送

用心下廚，認真吃飯，再把心情反饋給種田的農夫，這不正是日本生活俱樂部所推動的食農一家、身土不二的境地嗎？

雖然過著一邊從事翻譯，一邊種菜種稻的美好耕讀生活，賴青松心裡卻很明白，如果他想走進農業這一行，把自己種出來的農產品，用合理的價格賣出去，才算真正通過挑戰。

最初是為了舒緩案牘勞形而下田，當時賴青松能種出的菜量也不多，大多是拿回家自用，只有偶爾增產的時候，會到華德福學校兜售。販售方式也很簡單，就是找來兩個乾淨的紅酒箱盛裝，拿到學校辦公室，讓下班來接孩子的家長們可以順便買走。

賴青松是第一個在華德福學校賣菜的農夫，只不過他並沒有多花心思，一方面因為產量真的不多，另一方面則是品質難以掌握，經常發生類似白蘿蔔空心或是番薯臭香的問題。更重要的是，早在主婦聯盟工作階段，他便非常清楚蔬菜銷售的難度，無論是葉菜或瓜果類，保鮮壽命都不長，採收之後，基本上便是與時間的賽跑。對於只想種菜顧健康的賴青松來說，擴大栽種面積，以此為生，很明顯不是一個明智的決定。

然而另一方面，面對自己第一次收成的稻米，他的態度上十分積極而慎重。儘管還不確切知道市場在哪裡，但是稻米與蔬菜不同，帶殼乾燥之後方便儲存，還有充分的時間去思考去化的問題。更有意思的是，這是賴青松第一次從消費端走到了生產端。過去他站在消費者立場支持有機耕種的農民，這次他變成了實踐友善環境的微型稻米生產者，卻面臨自家客廳被稻穀堆得無路可走的困境！看著這堆陪伴自己走過一百多個日子的稻米，真是粒粒皆辛苦。何金富還特別交代施用了高級液肥的魚精、海草精，投入許多心力及成本做實驗，難道最終只能靠自家人消化，或是勉強送人？

無論如何，一分半田地收成的稻米，遠遠超過一家三口所能消化的數量。就算儲存也得找個適當的空間，最好的辦法便是盡快分送或販賣出去。這真的是種稻之初根本沒想到的難題。

幸好，賴青松平日交遊廣闊，至少先把辛苦種出的成果，與親朋好友們分享吧！念頭一起，夫妻倆便開始忙碌起來，央託朋友縫製素淨的棉布米袋，邀請嫻熟書法的好友提供墨寶，再將「青松米」三個大字絹印在米袋上。米袋裡除了裝滿剛碾好的青松米，還附上一張寫滿A4紙張兩面的〈青松米手記〉，文中記錄自己第一次種田的感受及心情的起伏。很顯然這樣大費周章的舉動，對許多收到青松米的人來說，是個奇妙的經驗，因為對絕大多數都市人來說，幾乎一輩子都沒有機會吃到朋友種的，或是產地鮮碾直送的米。

青松米分送出去之後，很快地奇蹟發生了。賴青松陸續收到各種回應，有朋友充滿感動寫下的新詩，有師長回覆文情並茂的書信，還有來自各地的電郵訊息，表達收到這包米之後的感觸。他這才發現，原來由朋友用心栽種出來的米，真的能讓人吃到飽滿的能量與人情味。同時，這也觸動了收到稻米的人，用心下廚，認真吃飯，再把心情反饋給農夫，這不正是日本生活俱樂部所推動的食農一家、身土不二的境地嗎？

不過儘管親友不少，也只能分送出去一半的米，剩下的一半還是靠何金富的人脈推廣才銷售完畢。賴青松特別將朋友們的熱情回應整理之後，又寫成了一篇〈青松米後記〉，加上送米時的〈青松米手記〉，等於為自己的歸農元年留下了完整的註腳，這也成為青松米獨有的生產履歷。

這一趟從種稻到賣米的完整歷程，讓賴青松受到頗大的鼓舞，他隱隱約約感覺到，以種稻賣米的方式，建立歸農生活的經濟基礎，或許是有可能的。但究竟該從哪裡開始，一切卻仍是迷茫而未知的。因此在賣完這一季的稻米之後，獲得日本國立岡山大學法學研究所碩士學程入學許可的賴青松，二〇〇二年選擇舉家前往日本攻讀環境法的碩士學位。

負笈日本，雖然讓他暫別了在宜蘭的美好生活，但是，這兩年的農村經驗卻讓他無法忘懷。留學期間，他仍持續跟何金富聯繫。最終在二〇〇四年春天，他放棄了繼續攻讀環境法博士的機會，選擇回到宜蘭的農村，正式成為全職的農夫。

小結：開啟實驗生活的可能

從二〇〇〇到二〇〇二年，賴青松一家移居宜蘭的短暫農村生活體驗，到底為後來深溝村成為小農群聚之地，帶來什麼樣的啟發？

很明顯地，賴青松能夠勇敢決定從台北移居宜蘭，確是因為有慈心華德福學校作為支持的窗口，提供了暫時居住的空間，也在經濟收入上展現另外的可能性。而華德福學校的農耕課程，或許也是吸引賴青松的另一個重要因素。儘管這些條件仍不足以支撐農村生活的開展，卻能確保踏入宜蘭的第一步不會失足。

而賴青松之所以能夠立即而真實地投入農耕活動，何金富的陪伴，應該是最重要的關鍵。作為一個都市消費者，要進入農村成為一位新手農夫，無論在心理層面或實務面操作上，最初的階段，可想而知極為脆弱。面對許多問題，都沒有可供參考的既有經驗。如果在第一時間處理不當，往往就是失敗收場；當挫敗的經驗不斷重複，多數人難免選擇放棄。因此，新手農夫需要一個可以及時諮詢的對象，以及一個有效支援的後勤。而何金富當時所扮演的，就是這個關鍵的陪伴系統。

同時，賴青松的努力又為後繼者開創了什麼？

賴青松在半農半X的生活方式上，努力經營所得到甜美的成果，不僅鼓舞了自己，願意在未來的另一個適當時機，再度鼓起勇氣，走進農村、當起農夫；同時，作為一位先行者，他成功地證明了，在二十一世紀台灣的農村環境中，這種生活方式是有機會實現的。此時日本作家塩見直紀正開始在日本推廣半農半X生活，而賴青松無意間正好在台灣實踐了這樣的理念，只是他稱之為「實驗生活」。

在產銷實務上，雖然賴青松是因著偶然的機緣開始栽種水稻，但在何金富的協助之下，成功種出了不使用農藥的稻米，並且開展透過人脈網絡銷售的新方式，也為自己與後繼者在水稻乃至於農產品的新型產銷模式上奠定了基礎。

懷抱著對於宜蘭農村生活的想念，賴青松在告別宜蘭農村兩年之後，再度踏上這塊土地，正式投入專職的務農生涯。**有鑑於第一次的經驗，他心裡很清楚，如果要在農村好好生活，養家餬口，那麼如何透過種田，確保一份穩定的收入，必然會是最關鍵的挑戰。**

第二章

穀東俱樂部
掀起農業新風潮

一、確保農夫穩定收入之必要

實際負責生產的田間管理員，依照耕作面積按月支領薪資。生產面的風險與損失，則由俱樂部的「穀東」，也就是預訂稻米的購買者承擔。

二〇〇四年四月初，賴青松結束日本留學生活，與妻子朱美虹帶著兩個稚齡的孩子，正式回歸宜蘭種田。

這一回，他是以「穀東俱樂部」田間管理員的身分進場，為加入俱樂部的穀東們生產無農藥的稻米，並支領固定的月薪。換句話說，賴青松成為一個受聘僱的專職農夫，而穀東俱樂部的原始構想，來自於他與何金富多年以來共同討論的結果，重點在於如何在消費者權利及生產者利益之間，找到一個適當的平衡點。

客觀上來看，賴青松剛留學回來，尚無任何事業基礎與經濟積累，縱使他個人有天大的理想，當務之急是先找到一份固定的工作，賺取穩定的收入，才能支應一家四口的生活所需。至於，在穀東俱樂部的制度設計上，為何安排田間管理員支領穩定的勞務薪資，讓不施用農藥的農夫卸下肩上所承擔的風險，則來自於何金富長年投入有機農業的深刻體認。

在賴青松與何金富的互動及討論中，彼此隱然達成一個共識：要維持農夫從事無農藥栽培／有機耕作的誠信，唯有在制度設計上，確保農夫能夠取得穩定的收入。農夫在耕種時，本來就要面對種種天候變化及病蟲害等變動因素，因此，需要使用各種手段來因應挑戰並迴避風險，這其中也包含了是否使用化學性的農藥及肥料。

當消費者基於自身安全的利益，對農夫提出放下農藥及化肥的要求時，勢必需要提供相應的回饋及保障，以支持農夫有足夠的動機去承擔可能增加的風險。畢竟農夫投入田間生產的目的在於賺取金錢，支應家人日常所需及下一代的教育費用，當天秤的兩端分別承載著家人生活及消費者安全的時候，對任何人來說都是不容易的選擇。

雙方長年積累的共識，加上當時賴青松個人的需求，穀東俱樂部的制度很快地確立下來——實際負責生產的農夫，也就是田間管理員，依照耕作面積按月支領薪資。而生產面的各種風險與實際損失，則由參加俱樂部的「穀東」，也就是預訂稻米的購買者共同承擔。比方說，如果因天災蟲害而導致產量減少，那麼穀東們最終只能領到較少量的稻米。另一方面，穀東們必須在該年度的稻米生產之前，就確定預約訂購的數量並繳付費用；按月支薪的田間管理員，則依據穀東們需要的稻米總量，向穀東們提出生產計畫並落實執行。

這般細膩的制度安排，讓賴青松得以放心地從日本回到宜蘭，毅然決然地踏上歸農的道路。只不過，當他走進田裡，開始迎向眼前的現實之後，才發現自己內心還是有些難以跨越的關卡。

二、走向懷抱農村理想的小穀東路線

大穀東的撤退，代表俱樂部放棄商業化路線，走向愛好農村生活的小穀東路線，這也是賴青松所樂見的，因為農村生活本來就是吸引他再度投入農耕的初心。

總的來說，穀東俱樂部的實現源自於何金富的發想。二〇〇一年時，他協助賴青松在宜蘭成功種出不使用農藥的稻米，並順利販售出去，這次的經驗帶來很大的鼓舞。即使二〇〇二年賴青松赴日留學，何金富仍然在宜蘭找了其他幫手，繼續耕種不使用農藥的兩甲地稻米，還拍了一部宣傳短片，大力推廣。

在這兩次的經驗基礎上，何金富構思了穀東俱樂部的基本運作架構，並經常積極地透過越洋電話，遊說遠在日本的賴青松回來共同經營。而為了在賴青松回國之時，可以順利接手田間管理員的工作，何金富不僅預先在宜蘭冬山的下湖仔，租下了五甲三分地的水田，配合春耕的節奏，還先物色了一位田間管理員提前進行田間操作，更重要的是活用自己的人脈關係，找齊了穀東俱樂部第一年的穀東。

為了讓賴青松安心管理田事，何金富必須確保穀東俱樂部的稻米預購順利完成。因此，只要有興趣預購的人，都可以成為穀東。而為了盡快達標，大量預購的穀東，當然更受到何金富的歡迎。

在這樣的情況下，穀東俱樂部一起步，就同時存在兩種不同類型的穀東，一方是看好穀東俱樂部無農藥稻米市場潛力的大穀東，另一方則是為了支持有機農業發展與嚮往農村生活的小穀東。從預訂穀份的角度來看，只要願意訂購稻米，都是俱樂部需要的穀東，然而從俱樂部的長遠發展來看，大小穀東卻代表了兩條截然不同的發展路線：市場商機或是農村理想。這兩條發展路線，不僅對於滿懷務農理想的賴青松而言，是無法共存的；在實際的操作方式上，也存在著無法相容的衝突。

或許是老天刻意的安排，第一年便讓賴青松碰上一件意料之外的插曲，進而不得不在這兩者之間做出選擇。二〇〇四年，穀東俱樂部起步之初，稻米預購價格訂為每台斤五十元。這個價格係由何金富根據有限的經驗估算得出，雖然賴青松也表示同意，但這個成本定價終究尚未經過實際運作的驗證。

同年四月，賴青松開始接手管理已經完成插秧作業的水田，才慢慢理解到每台斤五十元的米價，並不足以支應俱樂部的年度產銷運作。最關鍵的原因，在於原有的制度設定中，田間管理員一整年只支領六個月的農務薪資。

原來當年在政府休耕政策的鼓吹下，蘭陽平原上大多數的稻田早已改為一年一作，每一期稻作從育苗到收割，大約需五個月左右的時間，而農夫在收成之後，就把稻穀賣給農會作為公糧，或是直接賣給糧商，並不需要費心處理銷售給末端消費者的相關工作。然而，穀東俱樂部的田間管理員，收成之後，卻必須繼續安排烘穀與冷倉儲藏，並且持續一整年，進行碾米與分裝工作，依照每位穀東當月份需要的米量予以寄送。

這些銷售端的工作，對於田間管理員而言，比起田間農務更費心思。換句話說，穀東俱樂部田間管理員承擔的工作，必須以一整個年度來計算，薪資收入自然也需要做年度的規劃。為了彌補原來既有制度的缺陷，賴青松提出了一個補救的方案，就是將訂購米價由每台斤五十元調漲為六十五元。

對於穀東俱樂部的經營而言，這無疑是一顆突如其來的深水炸彈！不僅在第一次稻穀收成之前就調漲米價，造成失信於穀東的窘境，同時還必須面對穀東因此退出的挑戰。然而對於賴青松而言，調漲米價已然勢在必行，否則田間管理員會有半年的薪水沒有著落，這是他無法接受的。

置身在這個進退兩難的困境裡，其實賴青松並沒有實際的決策權，畢竟在組織架構上，他只是一位接受聘僱的田間管理員。然而此刻他做了一個重要的決定，他選擇跨越田間管理員的職權與界線，在穀東會議上堅持主張調高米價。這是賴青松第一次在穀東俱樂部的經營上，扮演了主導者的角色。也因為如此，無論在實質上，乃至於個人心態上，他都必須扛下穀東俱樂部能否持續營運下去的責任。

米價調漲，受到最大衝擊的是大穀東們。由於米價調高近三分之一，嚴重削弱了大穀東們在轉手銷售時的利潤空間，也預言了大穀東漸次淡出俱樂部的宿命。對於賴青松而言，大穀東的撤退，代表俱樂部放棄了商業化路線，開始走向愛好農村生活的小穀東路線，這也是他所樂見的，因為農村生活本來就是吸引他再度投入農耕的初心。

順著米價調高，賴青松進一步提出了每位穀東每年最多只能預購三百六十台斤稻米的上限，這個米量是根據一家四口，兩大兩小一年所需推估得出的。這個限制更清楚地傳達出，賴青松準備帶領穀東俱樂部走向小穀東制的決心。這一波制度調整，確實鼓舞了不少懷抱鄉村夢想的小穀東，因為這提供了更多參與農務及組織討論的機會。但是在另一方面，經營面向的挑戰也才正要開始，賴青松大約需要募足三百位小穀東，才能支撐俱樂部的穩定運作，這無疑是一個高難度的工程。

三、讓都市人也可以吃到自己種的米

「相揪來做田」「實現每個人心中的一畝田」，重新連結都市人與農村的關係，讓都市人有機會切切實實地深入鄉野、觸摸稻穀土壤。

二〇〇四年秋收之後，賴青松第一次自己面對小穀東的招募工作。與此同時，開鑿時間已然超過十年的雪山隧道，也終於接近全面開通的工程尾聲。這兩件事情之間的關聯性看似薄弱，但可以大膽推測，**如果沒有雪山隧道的通車，大幅縮短宜蘭與台北之間的交通時間，無論是當時小穀東的招募，甚至後來深溝村小農的群聚，恐怕都**

沒有那麼容易。

雪山隧道開通前後，一般人首先注意到的是，宜蘭農地上如雨後春筍般長出了許多豪華農舍，徹底改變了蘭陽平原千百年來的地景風貌。不過，或許只有極少數人發現，賴青松所帶領的穀東俱樂部，也正要為宜蘭農村的人文景貌，帶來深刻的變革，並將持續引領台灣農村，走向新的時代。

基於曾經兩次短暫遠離都市，回歸農村的美好經驗，賴青松開始相信，農村必須為想要或是不得不離開都市的人們留下一條路，否則，這些人能去哪裡呢？一如當年的自己，天下之大又有何處可以容身？在這樣的思考下，招募穀東的訴求重點，並非放在一斤有機米多少錢？而是「相揪來做田！」「讓都市人也可以吃到自己種的米！」「實現每個人心中的一畝田。」這類重新連結都市人與農村／土地的關係，讓都市人有機會切切實實地深入鄉野、觸摸稻穀土壤。

其實，這樣的訴求，並非賴青松一廂情願的理想。之前他每次到淡水找何金富時，從那些造訪農場的眾多訪客眼中，他即看到熱切的光芒。這些訪客大多是有機農業或鄉村田園的愛好者，有些人也曾經買過「青松米」。他們在閒聊時，常常會出現這樣的對話：「我們下個月也去宜蘭玩，讓青松招待一下，請他帶我們四處走走！」賴青松清楚地感覺到，他無意間開啟的這種新農村生活，在這個時代，對這個社會，具有很大的吸引力。

穀東俱樂部的第一批穀東，基本上就是由何金富所招募的親朋好友。這群穀東絕大多數是都市生活者，注重健康及養生，因此他們本來就是各種有機農產品的支持者。對他們而言，在台北的市民農園裡種些蔬菜瓜果，已經可以滿足他們對於農村的期待，後來這些朋友移居鄉村的比例確實也不高。

不過，自從賴青松接手穀東招募的工作，開始訴說農村生活的故事之後，俱樂部開始吸引一群真心嚮往進鄉務農的穀東。這些人大多數跟他的年齡相近，成長背景與職涯經歷的同質性也相對較高。**當他們看到他在農村務農，而自己還在都市裡朝九晚五，心裡難免有些感觸，心底深藏的田園夢想也在不知不覺中萌芽。對這些人來說，賴青松能夠做到，自己沒有辦不到的道理。**

選擇這樣的農村生活，顯然並非歸隱田園、遺世而獨立那樣單純，而是與現代都市的生活方式進行對話。當這樣的生活為都市人羨慕，開始用腳投票，其實正讓我們看到了現代都市發展的盡頭。一如許多人到宜蘭蓋豪華農舍，也是在想像一個在都市不可能擁有的美好田園生活，儘管當中有不少人最終付出意料之外的代價，落得敗興而歸的結局。

現代都市的生活步調，在資訊開始以光速傳遞之後，就明顯地超越了人類所可能承受的極限。對於賴青松來說，光是從身邊的各種訊息來看，人們開始選擇離開都市，已經是可以預期的趨勢。因此，在確定穀東俱樂部的發展路線之後，接下來的問題是，該如何為這些想要離開都市的人們，留下一條實際可行的路？

四、共享農村生活

基於相近的起心動念，賴青松也想讓穀東們有機會直接親近田地，創造那種人與人、人與土地、人與生命之間，面對面的感動。

賴青松為想要離開都市的人留一條路的方法，說來簡單，就是開放自己的農村生活，與人共享。與人共享生活，看似單純，但對於大多數的人來說並不容易，因為會主動選擇定居農村的人，基本上喜歡清靜，不想要擁有太頻繁的人際往來。然而分享，似乎早已成為賴青松鄉居生活的一部分。早在二〇〇〇年第一次移居宜蘭時，他已經開始這樣的行動。他透過電子郵件的發送，與朋友們分享農村歲月的點點滴滴，也會帶著來訪的朋友們，到處爬山涉水，實際體驗他的日常與環境。

這或許跟天生的運動性格有關，在青少年成長階段，賴青松就開始關注媒體報導的自然生態破壞與環境過度開發議題，這也影響他後來報考大學時選擇就讀環境工程科系，以及之後積極走出校園，參與了高雄後勁社區居民反五輕的社會運動。踏入社會之後，他曾經在體制外的假日學校擔任輔導員，也在推展消費者運動的主婦聯盟共同購買中心工作過。在主婦聯盟任職期間，他遠赴日本生活俱樂部生協擔任一年實習生的經驗，也養成不斷整理並分享見聞的習慣。直至後來，在招募穀東這件工作上，賴青松把自己的運動性格發揮得淋漓盡至。

他心裡很清楚，要宣傳理念，擴大影響圈，乃至於發展穀東俱樂部的組織，活用大眾媒體的宣傳力量是關鍵的第一步。因此，即使才剛接手田間管理員的工作，俱樂部的第一批稻子都還沒收割，他就勇於接受媒體的採訪。二〇〇四年六月，《天下雜誌》的三百期專刊當中，就報導了賴青松以及剛起步的穀東俱樂部的故事。他發現《天下雜誌》的報導引發了更多人的關注，因此，決定更積極且友善地接受各界媒體的採訪，在鏡頭前講述自己的理念。而這些提問與訪談，事實上也幫助他持續釐清自己的想法，強化這些論述對於消費者的吸引力。在眾多媒體的報導之下，穀東俱樂部的理念與行動，很快便受到台灣社會的關注，陸續吸引一些嚮往農村生活的人加入穀東的行列。

《米報》

對於已經加入俱樂部的穀東，賴青松可說用盡全力強化大家對於俱樂部的認同感及黏著度，藉以維繫訂購稻米的習慣。除了既有的電子郵件網絡，賴青松也開始經營那個年代盛行的部落格，在網路上公開日常田間筆記，讓更多人看見。其中，最讓他耗費心力卻又樂此不疲的，應該是每個月隨米寄送給穀東的《米報》。

《米報》是定期為穀東發行的一份小刊物。這個發想來自賴青松過往的成功經驗，他在日本生活俱樂部實習期間，發現他們很積極地發送這類宣傳品；回國後，他把這樣的宣傳方式活用在主婦聯盟的組織運作上，獲得非常好的回應。

《米報》最初發行時是A３雙面，內容除了賴青松每天的田間勞動，還有鄉居生活觀察。這份小報多由手寫文字及插圖構成，每次編製約需要三天時間，這對才剛開始學習下田的新手農夫而言，也是一道耗時費神的功課。但是這份穀東刊物持續發行了七、八年，才改版成電腦打字印刷的小卡片。堅持下去的原因，在於賴青松很清楚，他真正行銷販售的，並非稻米，而是自己的鄉居生活；穀東們真正好奇的，也是他在農村的日常樣貌。因此，青松必須不斷地向穀東們傳達相關的內容訊息，才能持續強化他們的支持。

穀票

除了《米報》，賴青松也會善用每年發給穀東們的認穀收據。他請身邊具美術專長的朋友，設計美麗精緻的「穀票」，再次強化穀東們的認同感。穀票的原始構想來自於他與何金富的某次討論，當時他還在日本，聽到何金富在越洋電話彼端熱切地說道：「用預購的方式就可以先收錢，然後用這筆錢來買肥料、付地租、整地跟各種花費，到時候我們就發糧票給出錢的人！」這樣的想法有如神來一筆，只不過糧票聽來有些時代錯置感，賴青松提出了另一個選擇：「不然就叫作穀票好了，稻穀的穀，不但詞意容易理解，聽起來也比較文雅。」於是乎糧票就成為了穀票，這也是「穀東俱樂部」最初發想、命名的經過。先有了穀票，認購的人順理成章成為「穀東」，最後再把生活俱樂部的「俱樂部」加進來，就成了「穀東俱樂部」。

有些人會把「穀東」與一般商業公司的「股東」概念聯想在一起，望文生義地認為穀東俱樂部的營運架構可能類似商業公司。然而「穀東」一詞，單純取其與「股東」的諧音，並沒有任何暗示獲利或出售的概念，至多只是因為預約訂購，而取得參與農務及討論的權利。反倒是原本提出「糧票」一說的何金富，在他的概念裡，的確包含了商業操作，所以他可以接受大穀東的參與，藉由俱樂部生產無農藥稻米，進行市場的操作及獲利。

這樣的確也是可行的模式，只不過身為田間管理員的賴青松，最終並未選擇這樣的方向，也因此，從開始接手田間管理員的工作，他就必須在實際制度層面上，處理大穀東想要的商業化路線，與小穀東嚮往的農村生活路線之間的矛盾，並且面對一步步邁向小穀東制的挑戰。

穀東年曆

從二〇〇六年起，賴青松也開始花心思製作穀東俱樂部專有年曆，作為每年餽贈新舊穀東們的紀念小物。之後，穀東俱樂部慢慢發展出自身的節奏，每年都會發生一些值得標註的新鮮事，他開始思索該如何將這些事物記錄下來？

賴青松想起在日本生活俱樂部的實習體驗。當時生活俱樂部組織有一個鮮明的特點，就是不斷發明新的關鍵詞，來呈現他們想像中的理想生活！於是，他也試著從每年發生的的事件中，找出一個最能代表過去一年的關鍵詞，然後請朋友設計編排成別具特色的年曆，同時運用這樣友善親和的媒介，繼續對社會提出倡議。穀東年曆發行之後，頗受好評，甚至還有人特地裱框起來。

在穀東們的熱情支持下，年曆的設計製作一直持續至今，而每一份年曆所標註與展現的關鍵詞，自然記錄下穀東俱樂部的發展，成為深溝新農社群發展的重要歷史證據。

穀東三節

除了各種資訊的傳遞，賴青松也想讓穀東們親身體驗農村生活，創造出穀東與土地之間的互動經驗。這種互動計畫最早同樣來自於生活俱樂部，在日本的實習階段，他曾經參與在葡萄藤下舉辦的豬肉品嘗會，也曾經到菜園協助採收胡蘿蔔。那種腳踏實地的體驗，產銷之間的真誠互動，讓他留下深刻的印象。因為，大部分的消費者都沒有機會知道自己所吃的東西，是來自什麼地方，由什麼人，用什麼方式種出來的。**透過這種面對面的互動與交流，消費者不再只是關心食材的價格與外觀，而會進一步察覺食物的風味變化，跟每一年氣候之間的關聯；或是不同生產者所栽種的稻米，彼此之間微妙的異同。**

消費者進化了，他們對感受的重視，開始超越對單純口感的品嘗，而這份感動，確實深化了消費者與生產者之間的關係。農夫不再是匿名的工廠作業員，而是具名的、與消費者交流的主體。基於相近的起心動念，賴青松也想讓穀東們有機會直接親近田地，創造那種人與人、人與土地、人與生命之間，面對面的感動。

第一年稻穀收割時，為了讓穀東們能一起參與這個盛事，賴青松發起了田邊露營行動。穀東們來到冬山下湖仔助割，從田邊巡禮、土地公廟敬拜、割稻、搓草繩還有營火音樂會，一幫人玩得非常開心，結束後，還有十多位穀東捨不得離開，大夥兒決定就地紮營，在租來的田園裡，夜宿蒼穹星空下。第二天清晨，還有昨夜錯過露營的穀東，專程送來早餐。整個過程充滿趣味，也讓賴青松看見這群都市人因為切換環境空間而產生的化學變化。

賴青松發現他似乎誤打誤撞做對事了，從此。他每年都會利用春天插秧、秋季收割與冬至吃湯圓三個時節，邀請穀東們「回娘家」，共同幫忙完成農事，同時享受農村過節氣氛。為了創造出足夠濃厚的感覺，而不流於一般的鄉村體驗，他帶動穀東們共同參與、發揮創意，度過屬於自己的節慶。

賴青松能夠毫無阻礙地與穀東們分享農村生活的關鍵，在於穀東俱樂部本身便是扎根在農村的消費者組織。這樣的組織型態，與日本生活俱樂部或是台灣的主婦聯盟有著根本的差異。曾經有位住在新北淡水、本身也是主婦聯盟合作社員的穀東，透過電子郵件陳述想法：「我曾經一次次反問自己，如果想要友善環境，吃到安心的稻米，難道參加主婦聯盟還不夠嗎？為什麼還要費心參加穀東俱樂部？」這段珍貴的自我對話，恰好反應出，在只有一位農夫供應農產品的極小化消費者組織中，穀東真的有機會與俯首大地的農夫直接對話，獲得農村生活的第一手情報。少了介於農夫與消費者之間的轉譯機構（如主婦聯盟或生活俱樂部），農夫也才有機會直接與消費者共享農村生活！

五、志願農民運動

透過農事，與穀東進行較長時間的互動，賴青松也有機會更了解穀東們的期待，進而發展出穀東們所需要的各種服務，例如提供幫農者暫時住宅場所。

根據觀察，大約有十分之一的俱樂部穀東，心中懷抱著移居農村的夢想。面對這群核心成員，賴青松除了持續開放自己的生活，讓他們有機會更加深入農村的日常，他不斷思索自己還能夠做些什麼。透過這一段段親近農村的過程，這群心中有夢的穀東，是否也有機會成為農夫，為快速衰退中的農村注入一股新的活力？這便是賴青松之後一直在倡議的「志願農民運動」。

幫農

志願農民運動最初的起點，源自於田間管理工作需要幫忙的人手。賴青松所管理的五甲三分地水稻田，無論是施肥、灑苦茶粕去除福壽螺、補秧、除草，乃至於搬運肥料與稻穀等工作，都需要大量的臨時勞動力，而眼前，正好有一批躍躍欲試的穀東，不正是幫農的好對象嗎？

從穀東俱樂部的組織制度來看，作為受雇的田間管理員，賴青松也有責任協助出資的穀東們理解農務管理內容，穀東們對內容的運作越了解，就越能增進對俱樂部的認同，進而願意持續訂購所生產的稻米，這也就是賴青松所說的「自己種的米」。同時，透過農事，與穀東進行較長時間的相處互動，賴青松也有機會更了解穀東們的期待，進而發展出穀東們所需要的各種服務，例如：提供幫農者暫時居住場所。

除了穀東，賴青松的務農生活也會吸引一些具有理想性格的年輕人，通常賴青松會稱呼他們「穀友」。基於對社會運動的想像與使命感，賴青松很樂意與這些在學學生或是剛出社會的年輕人聊天。一方面，他需要更多的倡議對象，協助把理念傳播出去；另一方面，也期待藉由這些年輕人的網絡，吸引更多人願意成為穀東。在實際運作上，賴青松始終相信，口碑行銷還是最有效的，且這些年輕人到田裡幫忙，還可以增加許多活力與樂趣。

接受穀東、穀友幫農之餘，他也不吝分享回饋。農忙之餘，他帶著大家到鄰近的私房景點，感受更多樣的自然田園景致。這其實不脫二〇〇〇年第一次移居宜蘭時，接待到訪朋友的模式，只不過，這次招待的對象換成了俱樂部的穀東及穀友。

農村沙龍

此外，賴青松還曾經促成穀東聚會。這樣的聚會有各種規模與形式：例如每個月一次的餐會，大家聚在一起閒話家常，談述各自的近況與遠望；有比較知識性的農村讀書會，幾個碩、博士班的學生每週到賴青松家分享讀書心得；也有很動態的，大家自組「穀東鼓咚遊藝團」，一起學習廣東獅鼓，同時拉進彼此的感情與增進默契。

賴青松發起農村沙龍的主要目的，在於維持與穀東、或是穀東與農村之間的關係。套一句現在的流行用語，也就是維繫農村的關係人口。農村沙龍提供了穀東們更多元的日常內容與參與形式。像是賴青松口中的柯大哥，就是專程從台北驅車到宜蘭練習打鼓的穀東，後來還自掏腰包買了一只鼓送給「穀東鼓咚遊藝團」。而遊藝團還曾經遠赴至嘉義，在當時舉辦的農村願景會議中表演。近兩年柯大哥也選擇搬到深溝，種菜、種水稻；當年召集臺大城鄉所學弟妹舉辦農村讀書會的筆者，當時只是一名穀東，如今移居深溝務農也已超過十年。

穀東之家

分享農村生活，空間無疑是關鍵元素。賴青松經常活用農村裡大大小小的空間，營造他想要呈現的生活狀況。例如二〇〇〇年他首度移居宜蘭時，住家那個饒富趣味的小院子。二〇〇五年穀東俱樂部草創時期，他曾經住在深溝村一個有稻埕的三合院。那個稻埕接待過許多穀東，有一次舉辦收穫聚，稻埕成為一個臨時的大廚房，大夥兒在那裡烹煮晚餐，大人們認真地忙進忙出，小孩們到處奔跑嬉鬧，快速爐的熊熊火焰燒得大炒鍋冒出滾滾水煙。農村大家庭生活的感覺，至今還留存在許多人的腦海裡，久久不散。

而為了提供給穀東們更理想的停留與住宿空間，賴青松先後租下兩棟閒置的房舍，作為「穀東之家」。在此之前，有些穀東來到深溝，甚至會自備帳棚跟睡袋，在賴青松住家前面露營，以解決住宿不易的問題。穀東之家出現之後，住宿問題變得容易許多，也帶來了更多的訪客。據估計，當時包含「穀東三節」在內，一年大約有上千人次來訪。

賴青松在志願農民運動上投注了非常多的心力，最終，連自家要建蓋一棟長久居住的房子，在設計上，也充分考慮到穀東俱樂部的運作需求。建蓋房子的決定，最初的動機來自於對倉儲空間的需求。歷經幾年的運作之後，他開始意識到，穀東俱樂部的稻米生產與營銷要穩定運作，勢必要在住家附近建造一座稻穀的冷藏庫，以便更有彈性地因應少量多次的出貨需求。當這個念頭啟動，賴青松順勢就把自家的生活空間一併規劃進去，讓整體空間有更完善且富彈性的機能。

二〇〇九年，賴青松在丈人借給他的兩分半田地上，起造了理想中的綠建築農舍。這棟農舍的周邊，最關鍵的就是設置了一個冷藏稻穀專用的大型倉庫，農舍內部也安排了妥適的包裝作業空間，以及足供宅配貨車進出、卻占據最小空間與最短動線的車道。屋外的院落，預留了穀東三節時，可容納約莫十五個小農擺設攤位的位置。農舍後的棚下，可以成為臨時的講堂或表演舞台，屋內特別挑高的木造大廳，則是穀東們聚會交流的絕佳空間。

從設計到興建，賴青松同樣將建造農舍視為動員穀東、開放穀友參與的好機會。例如設計圖即出自某位身為專業建築師的穀東之手；而當時筆者正與學弟妹在賴青松家辦讀書會，也受邀參與討論，甚至還做了兩組建物模型。而在摸索如何打造一棟綠建築的過程中，還辦過一次近乎環島的調查旅行，專程南下高雄美濃，觀摩木構造的土屋，以及參觀其他綠建築案例。

從田間幫農到屋宅的興建，從外圍的與消費者互動，到內部的住所規劃，賴青松竭盡可能地推行所謂的志願農民運動。作為穀東俱樂部的田間管理員，賴青松原本只需要負責稻米的生產與銷售，就足以支應一家人安定的農村生活，而這也是穀東俱樂部制度設計的初衷。雖然他單憑個人的心念，推動著這個社會運動，從正面思考，他可以隨興所至，想做什麼就做什麼；但往反面檢討，這或許已經超越常人身心狀態所能負擔。

然而，在賴青松的志願農民運動裡，當他把三百位穀東視作倡議與影響的對象，就算每位穀東一年只造訪深溝村一次，賴青松光是接待他們，就無暇進行田間管理員該做的事了。而未支領穀東俱樂部薪資的太太朱美虹，也得為了接待穀東而忙裡忙外。後來賴青松因為田間管理的問題而忙到爆肝，朱美虹也為了家庭生活瀕臨崩潰而對賴青松抗議，要求他放下這個瘋狂的社會運動。

「如果能夠為這個時代快速衰退的農村找尋新的可能性，如果有機會為不適應都市的人們留下一條前進農村的出路……」當時的賴青松可能沒有察覺，潛藏在他心底的願力是如此巨大。旁人無法真正深入賴青松的內心，探索那一股強大的動能究竟來自何方，但我曾經目睹這股社會運動理想與個人生活現實之間的張力，讓他身心俱疲，家庭關係瀕臨瓦解的時刻。而這屬於賴青松一個人的武林，終究要面對殘酷現實的挑戰。這個挑戰，不只來自自己的身心狀態與家庭關係的安定平衡，也來自穀東俱樂部的田間管理是否能有適當的外部條件支持，以順利運作。

六、正式轉進深溝村

幾個據點彼此之間相距遙遠，無論從住家到水田，乃至於從冷藏倉到碾米廠。這對於經常需要因應少量、客製化出貨的穀東俱樂部而言，操作上實屬不便。

穀東俱樂部的田間管理運作，一開始最大的挑戰就是生產的田地及設施，與自家生活場域之間，是否具備地理空間的便利性。這是一般傳統農家在發展歷程中最終必然取得的條件；但是對於採取新型態產銷模式，同時推行著志願農民運動的穀東俱樂部而言，為了快速滿足穀東們的出貨需求，以及他們對農村生活的美好想像，這個條件則是在穀東俱樂部一開始運作就必須被滿足的。

即使在尋常狀況下，要在約五甲的田地上，選擇不使用農藥及化學肥料，從事稻米的自產自銷工作，本來就是一件高難度的任務。更何況是在田園將蕪的傳統農村裡，對一個新進場的素人農夫而言，更是難上加難。

其中，光是取得可耕作的農地，以及整合周邊資源，就不是一件容易的事。只不過賴青松很幸運，一開始就有何金富幫忙張羅一切。最初始，穀東俱樂部耕作的五甲三分地，是何金富拜託冬山鄉農會總幹事黃志耀，透過關係在冬山鄉的下湖仔找到的。循著在地人脈的引薦，水稻從育苗到代耕，都得到友善的後勤支援；第一個冷藏空間是租用位於三星鄉的花卉產銷班閒置冰箱；碾米的工作則委託三星一家傳統碾米廠幫忙。當時剛從日本回國的賴青松一家，則在鄰近冬山的大隱村租屋居住，地點盡量靠近水田，以降低日常往返的交通成本。

儘管基本生產條件堪稱到位，但幾個據點彼此之間卻相距遙遠，無論從住家到水田，乃至於從冷藏倉到碾米廠，兩點之間的車行時間平均都超過十五分鐘。這樣的區位配置及交通條件，對於經常需要因應少量、客製化出貨的穀東俱樂部而言，操作上實屬不便。因此，如何重新調整必要的生產資源，達成地理區位上的合理性，成了賴青松當時要面對的關鍵問題。

或許是老天的刻意安排，下湖仔的水稻田在最初的三年，曾連續發生嚴峻的病蟲害問題，在顧及穀東們的權益下，賴青松被迫認真考慮放棄這些水稻田，而把尋找新田地的目光，轉向曾經種出第一批青松米的員山鄉深溝村。

將穀東俱樂部的生產基地由冬山鄉移轉到員山鄉的深溝村，有幾個主要的原因：一方面，賴青松在冬山鄉人生地不熟，一直無法在鄰近田地的聚落找到適當的落腳處；另一方面，則是出於岳父的建議與鼓勵。岳父是土生土長的深溝在地人，深厚的人脈關係自不在話下。而妻子朱美虹雖然從小就離開深溝村，但是村裡的親族長輩對她卻不陌生，這對於賴青松開啟與村民的對話，是個很重要的切入點。換句話說，賴青松作為深溝村的女婿，土不親人親；而對於深溝村民而言，具有最起碼的信任基礎。

二〇〇五年，賴青松決心啟動移轉基地的行動，從蘭陽溪南岸的冬山，轉往北岸的員山。岳父很快便在深溝村裡，為他們找到親戚閒置的空屋作為住家。這棟透天厝的一樓有個大房間，簡單改裝之後可以作為冰存稻穀的冷藏庫；同時，透過幾位親族叔公的介紹，再加上岳父自己名下的田地，很快便湊到一甲多地的水田。如此一來，住所、冷藏庫及部分耕作田地，集中在同一個村子裡，大大提高了工作的效率及生活的品質。這樣的初始條件，讓賴青松對在深溝的重新出發充滿信心，儘管代耕作業仍然必須倚賴原有的冬山業者，但整體而言，穀東俱樂部在運作上的空間距離困擾，已經改善很多了。

之後經過兩年的在地經營，賴青松終於在深溝村租到足夠的田地，而將生產基地，全數由下湖仔轉移到深溝村。不過到了第四個年頭，他卻遭遇意料之外的問題。由於一口氣在深溝取得太多長年休耕的水田，復耕的第一年分外吃力，關鍵的問題在於雜草。休耕多年的農田往往雜草叢生，復耕第一年必須面對雜草種籽瞬時大爆發的考驗！

面對這個天上掉下來的難題，原本期待穀東們能夠來幫忙除草，但是賴青松很快便發現，住在都市裡的穀東們只有週末假日有空，援軍的速度節奏根本趕不上一天天長大的雜草。

最後他歷經了整整一個半月的除草地獄，在工作告一段落之後終於病倒，過勞所引發的高燒，讓他在床上足足躺了一個星期，同時也引發了夫妻關係的緊張。

七、成為一個賣米的農夫

如果還要繼續以務農為生，勢必要先拋開穀東俱樂部所有遠大的理想，重新調整種種細節，將水稻從生產到銷售的整體經濟循環照顧好再說。

到了這個階段，賴青松被迫重新思考自己與穀東俱樂部的關係。二〇〇四年調整建立的的穀東制度，顯然已經無法適用於二〇〇七年面對的現實處境。關鍵的問題在於，賴青松明顯感受到，單靠一位田間管理員的工作能量，已經無法有效管理五甲多的田地。當然，那一年的狀況確實有些特殊，因為那是他第一次面對大量休耕田地的復耕作業，再加上自身的經驗仍極為有限，才會把自己搞得狼狽不堪。不過，眼前缺工的現實問題，以及穀東俱樂部產銷制度的結構性限制，的確也是當下無法解決的難題。

歷史的發展往往就是這麼有趣。當賴青松累倒躺在床上，唯一能夠顧及的只有自身的存活，根本無法理性地思索，如何調整穀東俱樂部的既有制度，來因應眼前的窘境。當時的他有個強烈的感覺，如果自己還要繼續以務農為生，勢必要先拋開穀東俱樂部所有遠大的理想，重新調整種種細節，將水稻從生產到銷售的整體經濟循環照顧好再說。

歷經這段內在自我對話，賴青松採取的第一個行動，就是在穀東俱樂部的會議上提案，請求尋找另一位農夫來接替田間管理員的位置。結果，根本找不到願意接手的人。明明在農村有份固定的薪水也不錯，為什麼沒有人願意接下棒子呢？當時穀東們心中的想法不得而知，但可以推想，賴青松拚命三郎式的做事風格，勢必對原本有興趣接手的人造成很大的壓力。

最終在沒有人願意接手，但大部分穀東依舊希望繼續訂購稻穀的狀況下，賴青松徹底地把穀東俱樂部打掉重練了。

制度改革的第一步，就是回到一般農家自產自銷的邏輯，生產過程的種種風險回到耕作者身上，由農民自負盈虧。可這不是走上回頭路了嗎？原始穀東俱樂部最關鍵核心的制度，就是確保田間管理員享有固定的收入，所以由穀東們共同承擔生產過程的風險，然而，對於已經擔任了四年田間管理員的賴青松來說，這份保障收入的背後，卻是他自認必須拚盡全力，確保五甲多的田地能達到預定的目標產量，才能對穀東們有所交待。原先穀東制的理想是，由消費者分攤生產者的風險，增產時大家可以分紅，減產時每個人就少領一些米，所以每年產量的多寡，應該不是田間管理員需要特別在意的重點。

但是，若再深究下去，這裡所謂可能導致稻穀減產的風險，指的應該是自然災害的風險，例如颱風、豪雨或是病蟲危害，而不包含田間管理員人為疏失所導致的風險。**依照這個邏輯推論，田間雜草過多而導致減產，是否可歸咎於自然因素？還是田間管理員的疏失？這是身為田間管理員的賴青松，很難去說明與釐清的難題。更何況，這類可能導致減產的非自然因素，在整個生產流程中比比皆是。**有時即使沒有明顯的天然災害，光是每年氣溫與雨量的變化，便足以影響無農藥栽培稻米的單位面積產量，一想到這些，就讓人感受到肩上無比沉重的壓力。

這些無法釐清的變因，再加上個人求好心切的性格，以及穀東們的殷殷期盼，最終迫使賴青松改變原來的制度設計，改由生產端來承擔單位面積產量的責任，這樣他才能夠放下心中那塊大石頭。

在生產風險轉由田間管理員自身承擔的前提下，從二〇〇九年開始，賴青松決定重新調整稻米的生產面積，由原先的五甲多地，縮減為四甲左右，大幅降低對外來幫農人力的倚賴程度。另一方面，基於維持農家一定收入的考量，青松順勢將每台斤稻米的售價由六十五元調整為八十元。而穀東們只要預付一定的費用，收成之後就能取得一定數量的稻米。經過這樣的調整，穀東俱樂部與一般農民的不同，只剩下相對單純的「預約訂購」及「計畫生產」。同時，為了區隔前後兩種不同的制度，穀東俱樂部的米也從「自己種的米」改稱為「青松米」，「穀東俱樂部」也從此改名為「青松米・穀東俱樂部」。

的確，隨著這個重大的制度調整，有一些理念型的穀東因此選擇離開。賴青松還記得，當時何金富對於此事送給他一句話：「接下來你就是一般賣米的農夫了！」自此之後，何金富也順勢放手，讓他走自己的道路了。換句話說，從二〇〇九年開始，穀東俱樂部正式成為賴青松的個人事業，一個單純的家庭農場了。

小結：完成階段性的冒險創新

回顧穀東俱樂部的發展過程，歷經五年草創階段，所催生出的「青松米」、「穀東俱樂部」這個自產自銷的家庭農場基本模型，才讓後繼者看到了可能性——無論是否採取預購方式，農夫可以單純從事生產，然後透過網路連結分散在各地的消費者，並運用宅配系統，將稻米直接寄送給這些消費者。

當然，一個農夫可以連結多少消費者，建立起多大規模的市場，端賴個人的經營能力與投入程度。**綜觀賴青松經營穀東俱樂部，起心動念來自於志願農民運動，是這個社會運動強化了他的消費者、也就是穀東對他的認同，進而持續支撐了穀東俱樂部的稻米消費規模**。直到今天，群聚在宜蘭深溝村的小農們，基本上都採用了青松米．

穀東俱樂部的產銷模式，但是在面對消費者的經營型態上，則早已是百花齊放。

由此而論，二〇〇四年到二〇〇八年的穀東俱樂部，正是網路時代家庭農場模型的育成平台。風險分攤制度，意外地承擔了穀東俱樂部這個新型態家庭農場的創新風險。而給付給田間管理員穩定的薪資，則讓賴青松得以安心地投入這個創新制度的冒險工作。當然，賴青松與穀東們之間的互動，則是不可或缺的創意激盪過程。五年的時間，說長不長，說短不短，其間充滿著歡笑與感動，當然也有不少的痛苦與衝突，不過，事後來看，那個美好的創新時期，的確令人十分懷念。

在解決了制度設計的問題後，賴青松還是必須面對幫農人手不足的問題。調整之後，穀東回到單純消費者的身分，而不再是產銷經營的主體。賴青松暫時放下了志願農民運動，也不再有義務接待來訪的穀東。換句話說，他必須另外尋找可能的田間幫農人手。很自然地，當賴青松無法將期待放在來自都市的穀東身上後，就必須從農村裡尋找生力軍。這意味著他開始把歸農人生的焦點，轉向在地的深溝村了。

第三章

尋找藏在縫隙裡的在地資源

一、嘗試將半農者帶進田裡

對於鄉村人來說，祖傳的農田有如家庭的一分子，是具有生命力的存在。老農在意的往往不是租金，而是代耕者能否妥善照顧自己已然無力耕種的土地。

到了二〇〇九年，賴青松已經意識到，能否找到長期穩定的田間幫農人手，是穀東俱樂部永續經營的唯一關鍵。

與新農夫建立交換互惠關係

賴青松過往曾透過兩個管道尋求在地幫農人力，但是結果不盡如人意。其中一種來自於在地大型代耕業者聘僱的固定務農班底，這些人手通常年紀較輕，其中有許多是原住民，在夏季高冷蔬菜的農忙期之前，他們願意下山打工。這些人手通常體力好又能負重，是田間幫農的主力。問題在於一期稻作的農忙季節大家都忙，這本來就是農村季節性缺工的主要原因。儘管經營代耕業的朋友樂於調度人手支援，但人數與時間往往受到限制，因為代耕業者本身的人力需求壓力更大，這對賴青松來說，無疑是不可預測的一大變數。

另一種幫農人力就是村子裡長期存在的千歲團。這類人力通常是年長的女性，她們在田裡從小做到老，不但熟悉農事，也非常有耐力，是幫農的絕佳人選。我曾經在賴青松田裡觀察她們的工作狀況，三、五人一組團體行動，補秧兼除草，一路前進幾乎很少休息，身手俐落，效率十足。唯一的缺點是她們大多邁入高齡，顯然不是能長期倚靠的人力來源。況且，即便她們願意下田勞動，為自己賺取生活上的零用，家人晚輩也會擔心她們的體力與安全。

面對在地社群無法提供長期穩定人力的困境，賴青松只好將這份期待，轉移到嚮往農村生活的都市人身上。對賴青松來說，無論來者何人，只要關注農村，不排斥下田，就有機會成為幫農人手。早在主婦聯盟工作階段，他就曾在台北的社區舉辦家庭園藝班，都市裡有許多人喜歡拈花惹草、種菜務農，如果能夠讓更多都市人移居深溝，或許要找幫手就會容易得多。

這個想法背後的邏輯很簡單，就是由賴青松分享土地資源，新農夫則分享自己的勞動力，彼此之間建立交換互惠的關係。由此推想下去，這群想像中的新農夫的樣貌已呼之欲出，就是跟賴青松近似的，自產自銷的半農半X生活者。

「一分地農夫」與「宜蘭小田田」

二〇〇八年時，賴青松就曾成功遊說華德福學校的家長張幼功，到深溝村租用田地，種植水稻。張幼功是他第一次移居宜蘭時，在華德福幼稚園認識的老朋友，他原是宜蘭農家子弟，對農業充滿熱情。當時張幼功已經利用老家的田地，開辦以供應蔬菜為主的「島嶼農場」，是社群支持型農業。只不過囿於種種現實條件的限制，他最後還是放棄了深溝的稻田。

後來，賴青松也開辦過「一分地農夫」的實習課程，試圖透過師徒相傳的方式，為自己增加幫農的人力。這套課程的設計是，實習農夫必須繳交一筆學費，並取得屬於自己的一分地，實習農夫每個週末假日都必須到深溝下田，賴青松會以一對一的方式帶領他們實地操作。這樣的互動，剛開始很有意思，像似延續了何金富與賴青松之間以農會友的熱鬧氣氛，但持續一段時間之後，開始發現意料之外的問題。原來賴青松雖然增加了討論的對象，以及幫農的人手，自己原來的工作與生活內容卻必須壓縮至剩下的五天裡，幾乎沒有喘息的可能。最終，「一分地農夫」的實驗結果證明，這樣的課程無法找到真正移居的新農夫，幾位曾經參與農務的穀東或穀友，大抵都在實習結束後便回到原來的生活。

後繼無人已然成為賴青松不得不面對的課題，但招攬新農夫進場的行動並不順利。他很清楚地意識到，在村中老農快速凋零的情況下，如果他再找不到吸引後進者加入種田的方法，穀東俱樂部可能只有到此為止了。

二〇一一年底，賴青松主動撥了一通電話，給積極參與台灣農村陣線、執教於世新大學社會發展所的蔡培慧老師，希望她能引介一些有志務農的年輕人。因為當時蔡培慧身邊有一群關心台灣農村未來發展的年輕大學生，賴青松推想其中或許有人願意實際投入農事。結果雙方一拍即合，二〇一二年，一群大學生以「宜蘭小田田」的名號，在賴青松的支持與協助下，在深溝村租下了兩分地，開始學習從事無農藥的水稻耕作。

隔年，這群大學生擴大種植面積，同時在村子裡租下工作室空間，還發行刊物對外宣傳，並提供打工換宿的機會，做得有聲有色，也因此又吸引了一些年輕人進入深溝村。只不過到了年底，因為種種內外環境的原因，宜蘭小田田宣告解散了。

未說出口的鄉村潛規則

在這段積極尋覓幫農人手的期間裡，賴青松並非來者不拒。有不少人循著媒體報導找上他，表示希望在深溝租用田地務農，卻沒有得到第一時間的協助。站在來訪者的立場，往往很難理解為何賴青松會婉拒自己的要求，明明雙方都抱持支持無農藥與友善環境的理想，而且賴青松始終旗幟鮮明地站在推廣友善耕作的位置上，為何會拒絕充滿熱情的生力軍加入呢？背後的理由很簡單，只因為賴青松對他們的熟識度還不足夠，說得直白一些，即彼此是陌生人。

而這點正是都市邏輯與鄉村潛規則的關鍵差距，**對於鄉村人來說，祖傳的農田有如家庭的一分子，是具有生命力的存在，而非一紙地契上的白紙黑字。賴青松在承租老農交付的農田多年之後，漸漸明白了這個道理，老農在意的往往不是租金的高低，而是代耕者能否妥善照顧自己已然無力耕種的土地**。此時的賴青松看待都市歸農新手的角度，已經跟當年老農看待他的方式相去無幾，為難的是，他只是居中引介，還必須為新手的表現向地主擔保，這點不可不說是難以承受之重。

因此，賴青松持續試著將有務農意願的人引進深溝村，背後最重要的驅動力，即在於解決人力需求。在穀東俱樂部轉型之前，賴青松將這份期待放在穀東身上；轉型之後，他把尋找對象的範圍，擴大到已經移居宜蘭並且嚮往農耕生活的人身上。而為了接觸更多心懷歸農夢想的人，他將人際關係的觸角，延伸到穀東及深溝之外更廣闊的社會。例如二〇〇九年接受聯邦銀行邀約拍攝公益廣告，二〇一一年受邀至 TED X Taipei 演講，二〇一三年成為齊柏林《看見台灣》紀錄片鏡頭下的故事人物，都可以視為他持續傳達及號召歸農人力的行動。

然而整體而言，賴青松想把新手農夫帶進田裡的一連串嘗試，過程並不順利。不過同時，他卻逐步建構起一個以深溝村為基礎，得以支持新農夫進場的人際關係網絡。而這個成果會在深溝村的下一個發展階段，也就是二〇一三年之後，成為想要歸農的都市人進入深溝最關鍵的支持網絡。

二、形塑讓新農深入村落的介面

議題串連行動，在小農社群及關心農村的行動者之間，形成繁複的關係網絡，賴青松積極參與其中，讓這張關係網絡成為新農夫進入深溝村的重要介面。

賴青松以自己為核心，建構一個新農夫進入深溝村的介面，除了個人的起心動念及積極行動之外，外部的社會動態也成為重要的推力。

自主與外部雙向驅動

這個介面的形成，最早可以回溯到二〇〇〇年，賴青松一家最早移居宜蘭時。誠如之前所述，由於當時習於分享，吸引了一群認同農村的朋友。之後賴青松在深溝耕種一分半的水稻田，並將收成的稻米分送或販售給這群朋友，這是他首次建立起立足深溝並連結外界的社會網絡。

從二〇〇四到二〇〇八年這個階段，社會網絡連結的對象，主要是參與稻米預購行動的穀東們。他們來自台灣各地，其中又以住在大台北地區的比例最高。在這個階段，雖然穀東俱樂部的生產基地，曾經從冬山下湖仔遷移到員山深溝，但地理上的移動，似乎並未對此一社會網絡的積累造成明顯的負面影響。倒是在二〇〇九年之後，穀東俱樂部從穀東合議經營，轉型為賴青松自主經營，因而流失了一些強烈認同原始穀東制的成員。

不過或許是因緣巧合，二〇〇九年之後，沉寂許久的台灣農村似乎也動了起來。實際上，早在二〇〇〇年，政府即認知到，台灣為了加入世界貿易組織，必須開放國外農產品進口，而此舉勢必為早已日趨衰敗的農村與沒落的農業，帶來沉重且致命的一擊。為了回應來自農村社會的巨大反彈，當時的政府透過立法及政策，革命性地釋放農村潛藏的動能，允許一般人可以自由買賣農地（之前買賣農地的人，身分必須是自耕農），也允許興建農舍。

自此，農地開始被大量轉賣，還多了不少豪華別墅，農地價格快速飆漲。到了二〇一〇年，立法院通過「農村再生條例」，條例中設置了一千五百億元的農村再生基金，這筆基金為農村發展帶來了新的可能性。

我們在此無意討論這些政府行動的適宜性，以及深溝村的半農故事與這些政府行動間的關聯。例如：二〇〇〇年賴青松一家移居宜蘭，跟當時「農業發展條例」開放農地自由買賣與興建農舍，而引發台灣社會對於地方農村的關注，是否有直接或間接的關係。但不可否認的是，台灣農村社會的發展，自一九六〇年代開始就因著糧食生產的社會任務，而受到政府的直接控制與支配。

至今，政府的支配力量，在台灣農村社會裡仍然非常強大。而二〇〇九年前後，台灣政府啟動的農村再生政策，的確讓許多關切台灣農村發展的行動者，找到介入與操作的空間。

共同發起「宜蘭友善耕作小農聯盟」

二〇〇九年三月，在梨山種果樹的李寶蓮（大家稱她「阿寶」）找上賴青松，並結合一群當時的宜蘭小農們，共同發起了「宜蘭友善耕作小農聯盟」，聯盟每個月舉辦兩次「大宅院友善小農市集」。現今普遍使用的「友善耕作」概念，就是起源於阿寶的倡議。

具有強大使命感的阿寶，當時為了照顧高齡的母親，選擇暫時從梨山移居到山腳下的員山鄉內城村，這也讓她關注的焦點，從早前的山林保育，移轉到農村沒落上，更因此促成她與宜蘭小農有更多密切互動的機會。

事實上，參與友善耕作小農聯盟，對尋找人手助益不大，因為這些新手小農也同樣面對缺乏人手的問題。另一方面，參與市集擺攤並非賴青松的當務之急，因為當時青松米已擁有穩定的預購客戶群。但是，透過這些平日的往來及互動，與這群先行小農們所建立起來的關係網絡，後來也成為一波又一波歸農者進入深溝村的主要管道。

此外，當時賴青松也在阿寶邀請下，一起在羅東社區大學開了一年的課程，名為「全方位的健康與友善耕作」，推廣友善環境耕作的理念，由於當時相關的課程資源很少，還有學員專程從桃園來上課，這個課程同時帶動學員們發起「合耕一畝田」計畫，讓社區大學租下一塊田地，以社大友善耕作社團的名義讓有興趣的學員繼續實作。

兩人也共同成立了「穀東鼓咚遊藝團」，號召身邊的夥伴們一起學習廣東獅鼓，在生活上開啟進一步的連結。穀東鼓咚遊藝團的前身是穀東沙龍，主要成員包括一些穀東及在地小農。最初只是在重新裝修的老房子「穀東之家1.0」一週聚餐一次，大夥兒閒聊、聯絡感情。

阿寶加入之後，覺得漫無目的的閒談有些可惜，就提議大家一起學打鼓。阿寶自任團長，還找來老師，每個星期五下午在宜蘭的大洲國小集體練鼓，後來不但曾在穀東三節的聚會上表演，也有其他演出邀約，還出過鼓團專屬的紀念明信片。

不只口頭倡議，更要踩進田裡

彼時，「農村再生」已然風風火火，成為政府高舉的旗幟，與改造農村的政策方向。賴青松即在相關的講座場合上，結識了當時仍是臺灣大學農推所博士生的蔡培慧。後來蔡培慧到世新大學社會發展所任教，並帶領一群學生探討台灣農村發展的問題。同樣關心農村發展的兩人，正好站在不同的位置上，蔡培慧有一群想到農村現場實際體驗的學生，而賴青松正在積極招募種田人手，於是就在二〇一一年底，賴青松主動打了一通電話給蔡培慧，促成了「宜蘭小田田」的誕生。宜蘭小田田是由蔡培慧所帶領一群關心台灣農村發展的學生成立的團體，他們在二〇一二到二〇一三年間，在深溝村從事友善農耕。

相較於社會倡議，賴青松更在乎是否有人願意走入農村、踩進田裡。他認為「大宅院友善小農市集」只是讓消費者走到農村的大門口，但是「穀東鼓咚遊藝團」則已經涉入在地的農村生活。不過，從串連、結社，到各種社會倡議，透過市集對社會大眾發聲，才能夠吸引更多人關注農村發展。

無論如何，當時出現在宜蘭的各種議題串連行動，的確在小農社群以及關心農村發展議題的行動者之間，形成一個繁複的關係網絡，而賴青松積極參與其中，讓這張關係網絡成為新農夫進入深溝村的重要介面。

三、經營深溝村在地人際網絡

能夠以外來者的身分，短短數年，在深溝村建立起自己的社會網絡關係，關鍵在於賴青松願意接手家長會長這個燙手山芋，贏得村民們的肯定。

除了為新農夫建構進入深溝村的介面，賴青松也積極經營深溝村在地的人際關係。

在地人際關係，讓賴青松有機會接觸並調度各種潛在的人力資源，以及可供利用的土地與空間資源。然而，一般農村大多處於資源缺乏的狀態，深溝村裡主要的人力與土地、空間資源，同樣為既有的地方社會關係牢牢掌握。不過，**由於這股掌控資源的力量，本身長期受限於工業化農業追求成本效益的體制，導致許多未能充分發揮效能的資源，也散落於既有體制的大小縫隙之中。賴青松之所以有機會建構起連結在地的人際網絡，其實就是循著這些縫隙一步步形塑而成。**

家長會長的「農民小學」

有趣的是，這個在地人際網絡最初的開端，起因於一件偶發的事件，而非有意識、有計畫的行動。二〇〇八年，賴青松正準備轉身面對深溝村在地社會的同時，女兒就讀的深溝國小，也遇到沒有人願意出任家長會長的窘境。陰錯陽差下，第一次出席家長會的賴青松主動承擔了這個任務，但是他加上了一個附帶條件，就是絕不自掏腰包捐錢。深溝國小是所地處偏鄉的小學校，當時學生人數只有兩百多位，資源並不豐富。因此歷任的家長會長，多少都必須肩負為學校捐款、募款的責任。但是賴青松從事無農藥水稻的生產，經濟上的確沒有餘裕，因此他選擇在不捐錢的前提下，撥出更多時間引領家長會，豐富學童們的課外學習內容。甚至每個月主動發信給家長，報告孩子們在校的學習狀況，拉近校方與家長的關係。

而同時，或許是被深溝的田間雜草嚇壞了，賴青松突發奇想，發起讓小朋友們下課後體驗水稻農耕的「農民小學」。他想像這些自小接觸田園的孩子們，長大之後，或許可以成為協助除草的幫手！而對家長們來說，這是一種另類的課後安親班，不僅減輕家長們的教養負擔，還滿足了孩子們發洩體力的需要，因此很受家長們的歡迎。

除了除草、做秧床、補秧苗之外，當水田裡沒有特別的工作時，他會帶孩子們在村裡四處走訪，晴天時捉福壽螺、採野花，雨天時畫圖、說故事、做押花，大家還曾闖進蘭陽溪河床上廣袤的西瓜園，認識截然不同的宜蘭農業地景。這些付出與努力，意外地活絡了賴青松與深溝村裡同輩家長們的關係，更重要的是讓他以深溝國小家長會長的身分，正式地被村民所認識。

在這個新的在地關係基礎上，賴青松跟村裡的媽媽們連上線，不但因此找到協助施肥、補秧跟除草的幫手，也幫妻子朱美虹販售手工製作豆腐乳以貼補家用的事業找到堅實的生產班底。這群活力充沛的媽媽們，後來也展開各自的連結，在深溝國小校長黃增川的支持下，發展出種植與農家手藝的社團，不僅讓國小學童們有更多接觸食農文化的機會，也成為學校的重要特色成果。同時，透過這些家長們不斷延伸的在地人脈，賴青松還發掘出許多新的在地資源，包括可耕的水田、閒置的房舍，甚至可以支援穀東俱樂部三節聚會的販售攤位及人手。

行事作風低調謹慎

顯然，賴青松在家長會長任內的努力，以及為深溝國小學童們的付出，獲得了村民的認同。後來，縣政府計畫拓寬與深溝國小緊鄰的鄉間道路，地方人士擔心筆直的馬路容易引發交通事故，特別邀請賴青松共同商議陳情及連署的行動，這對他來說不但是一次難忘的經驗，更是被村民認同與接納的象徵。當這張新的在地人脈網絡打開之後，賴青松方有能力進一步支援後來的新進農民。

然而，在校園之外，賴青松與一般村民還是保持一定的距離，採取低調保守的態度。這與他在媒體上高調務農的形象，呈現甚大的反差。對外高調的目的，是為了透過媒體力量，提高農民在台灣社會的價值，進而吸引有志者共襄盛舉。然而，因此造成的效應，難免造成不必要的困擾。例如：前總統李登輝曾經到深溝村拜訪賴青松，兩人在村裡的三官宮進行了一場公開的交流與對話，後來村民因此央託賴青松，協助邀請李前總統參加宮廟活動，當然，這個請託賴青松並沒有答應。諸如此類的經驗，都讓青松時時提醒自己，盡量保持低調，以免為自己帶來不必要的人情壓力。

在其他面對村民的場合裡，賴青松也抱持消極與退讓的態度，避免帶來負面印象，甚至介入或引發地方的利益紛爭。例如當鄰田老農噴灑除草劑波及自家的水稻時，他往往選擇以擴大隔離帶的方式避開，萬一情況真的無法改善，甚至願意退租田地走人。此外，地方的各種活動，例如廟會慶典以及社區聚會等，除非必要，賴青松也盡量被動關注而非積極參與。

賴青松之所以能夠以一個外來者的身分，在短短數年之內，在深溝村建立起自己的社會網絡關係，主要關鍵在於他願意接手家長會長這個燙手山芋，並藉此為村子服務，進而贏得村民們的肯定。同時，在日常的人情往來上，也表現得中規中矩，避免讓在地村民留下負面印象。這些經年累月建立起來的形象口碑，之後在政府休耕農地活化政策啟動之際，讓村裡握有休耕土地的老農們，將他視為可以安心託付代管田地的對象。

四、休耕農地活化政策成為轉折點

許多老農選擇將田地交付給賴青松這個外來農夫，背後主要的原因，除了他平日種田認真用心，為人踏實可靠之外，更重要的是他租用田地的價格。

二〇一二年底，台灣政府終於啟動休耕農地活化政策。台灣的稻田休耕政策是為了因應稻米生產過剩，以及加入世界貿易組織後必須開放稻米進口，所以透過政府補助，調降水稻生產面積，以維持國內稻米供需平衡，穩定國內糧價。不過，持續的休耕補助不僅造成政府的財政壓力，也讓這些休耕的稻田長期處於荒廢狀態。因此，在農村再生政策啟動後，為了注入新的產銷創新活力，政府進一步重新調整休耕政策，農地可以活化。此一政策，是否達成了既定的目標，不得而知，不過，我們很清楚知道，因為休耕農地活化政策而釋出的耕地，的確也為深溝村形成新農群聚提供了不可或缺的條件。

大量休耕田地釋出

依據政府的新規定，自二〇一三年起，農地每年至少必須耕作一期，才能領取另外一期的休耕補助。簡單地說，許多早已全年休耕的田地，每年可以領取的補助不僅剩下一半，另外一期還必須恢復耕作才行。在深溝村，領取休耕補助的地主，絕大部分年事已高，早已無力承擔復耕的工作量。而為了領取減半的政府補助款，還必須找到願意協助復耕的稻作業者。在政府的一聲令下，深溝村和台灣其他眾多農村一樣，突然之間釋出大量長年休耕的田地，急著尋找能夠代為耕種的農民。

在其他鄉村地方，這些短時間大量釋出的田地，往往會由專業的代耕業者進場接手。但是在深溝村，擁有休耕田地的老農們，卻有另一種選擇。許多老農最終選擇將手上的田地交付給賴青松，這個從外地來的新農夫。背後主要的原因，除了他平日種田認真用心，為人踏實可靠之外，更重要的是他租用田地的價格，是一期作一分地三千六百元，比起一般水稻專業代耕業者租地的行情兩千元高出不少。

而為何賴青松租地的價格會是一分地三千六百元？如果只是想藉由提高租金，取得租用農地的優勢，為什麼需要比市場行情高出許多？此事的背後，其實有著說不出口的無奈。

時至今日，在農村租田耕種並非遵循開放的自由市場機制運作。絕大部分代耕業者都是世代經營的在地人，他們所租用的田地，也大多屬於住在附近的親戚、朋友或鄰居，因此業者之間常有領域上的默契，工作本身也多少帶著一種服務的色彩。我們或可以大膽推論，一分地兩千元的水稻田代耕行業的租地成本，應該是政府長期透過計畫生產、稻米價格調控，加上各種官方補貼制度及民間業者長期的穩定經營模式，最終造就的一個恐怖平衡的價格。日趨年邁的地主們，在自己無力耕作，農地又沒有其他出路的窘境下，也只能以這種低廉價格租給代耕業者，有些操作條件不佳的農地甚至根本收不到租金，地主還得四處拜託才能找到願意耕作的人。

最值得託付的資深新農

賴青松作為外來的租地耕種者，面對的卻是截然不同的局面。二〇〇四年，穀東俱樂部在冬山鄉下湖仔租下五甲三分地種植水稻，當時田地是在冬山鄉農會總幹事黃志耀的協助下，方能順利取得。在農村長期而堅固的封閉環境，若非透過具有相當公信力的地方頭人出面擔保，人生地不熟的新農夫不可能租到任何一塊農地，而黃志耀當時與地主談定的租金，便是一期作一分地三千六百元。

兩、三年後，賴青松逐步將穀東俱樂部的耕作重心移轉回深溝時，也採取了同樣的租金價格，取得休耕已久的田地。直至二〇一二年底，休耕農地活化政策施行，深溝村的老地主們紛紛找上賴青松，請託他租用田地，代為耕作。賴青松給付的租金一分地三千六百元，也正是一期作農地休耕的補助金額，也就是說，原本申請休耕補助的地主，即使將農地轉租給穀東俱樂部，也不會在經濟上遭受任何的損失。

如此情勢的轉變，對於長期在農地取得上處於劣勢的賴青松而言，簡直就是一百八十度的逆轉。就連許多原本陌生的老農夫，也跟著熟識的地主登門拜訪，只為了將自己的田地租給他。賴青松一路以來在深溝村的努力付出，與村民們建立起來的信任關係，終於在這個台灣農業政策重大改革的歷史時刻，為他自己創造了機會。

帶動更多人返鄉歸農

賴青松的心裡很清楚，如果在這個時機點上不拿下這些田地，就只能將機會拱手讓人，讓其他傳統代耕業者接手。可以想見的是，屆時深溝村原本長期放任休耕、正逐漸恢復自然生態的水田，將開始被各式各樣的農藥所籠罩，這是他更不想看到的結果。因此，接收這些老農釋出的休耕田地，看來是一個必然的選擇。只是，一下子多出那麼多田地，對於穀東俱樂部已經相對穩定的產銷平衡關係，必然造成巨大的衝擊。現有的五、六甲地，在產銷上已有一定的工作壓力，瞬間增加將近一倍的面積，又該如何因應呢？

對於賴青松而言，這個機會究竟意謂著什麼？是將穀東俱樂部進一步產業化，增加聘僱人力，轉型為農企業的好時機？還是賭上自己在村裡的信用，把這些田地轉租給新農夫並為他們背書？將穀東俱樂部轉型為農企業，完全不符合賴青松進入農村享受田園生活的初衷，但是要將這麼多田地轉租出去，又該上哪裡找到足夠且值得信任的新農夫呢？在這個轉折點上，他最終選擇了後者。

從之後的發展來看，這或許也可以解釋為，賴青松長期以來一直希望帶動更多人回歸農村，下田耕作，而老天聽到了他的心願，就在某個適當的時機點上，讓他取得大量的農地，進而打開了深溝村走向新時代的大門。

半農理想國

五、「倆佰甲」接下兩甲半水田

倆佰甲成立之初，並沒有什麼具體的願景，期待的是在農村規劃上有所突破，前提是把一切既有的框架放下，先走進田裡再說。

既然心意已決，賴青松便開始尋找身邊適合的新農夫，設法把田「塞」出去。

成為田地的仲介

首先，一些距離自己住家較遠的田地，他請地主直接與自己信得過的農夫接洽，例如部分田地即因此轉介給「氧化鐵」（華德福學校的一位家長）。位於深溝村、鄰近自己住家的田地，則由自己出面承租，再以相同的價格轉介給身邊的新農夫。**賴青松選擇自行承租的原因，一方面是考慮多數地主年事已高，最好盡量減少他們面對新租戶時的困擾，並維持長期穩定的租賃關係。另外，顧及這批新進場的農夫，在接手管理之初可能發生各種大小狀況，如果自己不居中處理，亦也可能影響在深溝村好不容易累積起來的信用。**

不過，賴青松很快便面臨一個困窘的狀況：遇到主動叩門卻沒有經驗的新農夫，他們雖然對務農充滿熱情，但因為不熟悉，他不敢直接將老農的田地交給他們；而已經具備兩、三年經驗的新農夫，在面對租用更多田地的邀約時，態度卻往往趨於保守，因為他們已經明白種稻容易賣米難的道理。

幸好那一年，賴青松已經帶出一群年輕的子弟兵：宜蘭小田田。並成功地遊說他們，第二年將耕作面積從兩分地擴增到一甲地左右。此外，從國際貿易領域離職，移居深溝村耕作三年的新農夫黃政莊，在賴青松的遊說下多接了幾分地。另一位將孩子送入華德福小學的老穀東廖德銘，也勉強接下了六分地，雖然他後來只耕作了一年便選擇退場，但這一年的情義相挺，還是減輕了青松肩上不少的負擔。當時還有一位返鄉青年陳禹勛也接手了幾分地，之後他耕種的面積逐漸擴增到一、兩甲地，而且還因為種田的緣分，結識了同樣到深溝村種田的香港女孩阿Ho，兩人結婚並生下一個可愛的孩子。而面對老地主們殷切的託付，賴青松自己也盡可能擴大耕種的面積，但眼看著還有兩甲多的田地無處可去，這下子真的頭大了！

農村規劃者下田撩落去

無巧不成書，二〇一二年九月，筆者正好去找賴青松，表達種田的意願，最後即半推半就地接下最後的兩甲半農地。

回顧與賴青松相識的緣分，源自於二〇〇五年到宜蘭從事農村規劃的工作，他是我高度倚賴的免費顧問，為了增加對話的機會，當時我經常往深溝跑，利用幫農的空檔向他請教問題。二〇〇六年暑假，我還帶了一群臺大城鄉所碩士班的學弟妹，到他家舉辦農村讀書會，後來我也順理成章地成為訂購青松米的穀東。二〇一一年，臺大城鄉所博士班的學業結束，我選擇回到宜蘭，從事一份兼職的農村規劃工作。隔年，我終於在鄰近深溝的內城村找到租屋處，正式搬進農村。

我很快就適應並且喜歡上農村的生活，也開始嘗試在院子裡種植南瓜與玉米，並獲得還不錯的收成。而經過這段循序漸進的生活轉換過程，宜蘭的田園生活開始對我產生一股莫名的吸引力。就在這樣的衝動之下，我對賴青松表達務農的想法，正煩惱無法處理手上多餘田地的他，最後一古腦地全部塞給了我這個完全沒有經驗的新手。根據賴青松後來的說法，他對我個人及家庭背景有一定程度的熟悉，他認為楊文全沒有臨陣脫逃的勇氣。

至於我為何會在年近半百之際，轉換人生跑道下田務農？我曾經用各種不同的角度回答這個問題，但腦海中最常浮現的答案是，**我來當農夫最重要的理由，是為了回應自己在二十年的農村規劃工作上，遭遇到規劃經常無法實現的瓶頸，希望能找出推動理想的農村發展的方法！因此，我希望自己成為農夫，成為當事人，再從當事人的視角回頭檢視自己的農村規劃究竟出了什麼問題。**這個答案應該最接近真實，也最能夠解釋自此而後，我在農村裡的生活及種種作為。

前提是放下一切框架

而身為從未實際管理稻田的新手，我之所以有膽量接下兩甲半的水稻田，與「倆佰甲」的成立有莫大的關係。「倆佰甲」是由我與已在員山從農三年的李婉甄兩人共同發起成立，我與她有一個共通點，就是兩人都不是為了田園生活夢想而來，我們更在意的是農村公共事務的推廣，「倆佰甲」的命名，也清楚點出了團體發展的方向。我們的主要目的在於推廣友善耕作，乃至於各種相關的農村公共事務。二〇一二年十一月十四日，在這個令人難忘的日子，我們共同邀約一些在宜蘭生活的朋友，包括賴青松，在內城的租屋處舉辦了一場象徵倆佰甲正式成立的聚會。

老實說，倆佰甲成立之初，並沒有什麼具體的願景，我與李婉甄也才認識約半年。我還不清楚李婉甄內心真正的想法，只聽到她提到可以容納各種人的生態村，而我期待的是在農村規劃上有所突破，前提是把一切既有的框架放下，先走進田裡再說。換句話說，當時我們在農村發展的公共事務上，並沒有太多急欲落實的想法。爾後隨著賴青松不斷「推銷」多餘的農地，以及因此招攬而來一群新手農夫，事情的發展開始超乎原先的想像。無論如何，若非李婉甄最初的相挺與陪伴，我想自己萬萬沒有勇氣，在種田的第一年就一口氣接下那兩甲半的水稻田。

六、第一個新農育成平台的誕生

倆佰甲作為一個新農育成平台，並非事前規劃的結果，而是在試圖解決手上田地過剩問題的過程中，不知不覺地實現了！

二〇一三年春天，老天爺給倆佰甲最重要的任務，就是要設法達成兩甲半水田的耕作。由於當時我還兼職從事農村規劃工作，無法獨力照管如此規模的水田，因此很自然地，我開始遊說所有遇到的人，大家一起來種田。倆佰甲有兩甲半水田需要找人耕作的消息，也因此開始迅速地在宜蘭的小農網絡圈流傳。

每人找到自己喜歡的田區

而當時，正好有一些已移居宜蘭的外地人，正在尋覓耕作田地，在得知消息後便主動找上倆佰甲。結果，共同參與倆佰甲第一年耕作計畫的小農，合計有十一位。其中，除了我之外，有五位小農從這兩甲半的水田中，找到自己喜歡的田區並接手管理，這部分私田的面積合計為一甲兩分地。剩下的一甲三分地，經過討論之後，劃為倆佰甲的公田，由所有加入組織的小農共同承擔管理責任。而公田的巡田等例行工作，主要由我及另外兩位小農負責。因此嚴格來說，在倆佰甲的第一年，我沒有自己私人管理的田區。

就這樣，在夥伴們相互協助的情況下，倆佰甲度過了一個繁忙而美好的春耕季。農忙期間，每個人除了忙著照顧自己的田地，也會去幫忙其他人解決個人田區的困難。最常見的就是秧苗遭受福壽螺的嚴重危害，此時缺秧的災區就需要夥伴們的強力支援。我的習慣是在巡完負責的田區之後，再到其他夥伴的田區轉轉，如果對方正好在田裡工作，我會下田幫忙或是在田邊聊聊。這個春耕的經驗對我而言是美好而快樂的，也發現開心種田的祕密在於有同好的陪伴。於是，在春耕農忙告一段落之後，我再次找上賴青松，表達願意以倆佰甲平台之名，繼續推動協助新農夫進場的工作。

「烏合之眾」的天團

對於賴青松而言，這可說是求之不得的美事。基於過往幾年的經驗，他知道自己在協助新農夫進入深溝的過程中，面對著相當大的限制。最直接的原因，就是他無法承擔新農夫實際耕種的成敗責任，萬一處理不當，還可能影響自己在深溝村好不容易累積的信用。因此，如果能找到一個值得信任的對象，出面承擔新農耕作的成敗得失，那麼，他可能就更有信心承接老農地主託付的田地。

二〇一三年賴青松曾在耕作筆記上，以「天團」來形容倆佰甲這群新農。從這個譬喻來看，表示他其實並不十分清楚這群人究竟在搞些什麼。不過，這麼一群臨時起意的「烏合之眾」，不僅克服各種困難，完成耕作他所託付的兩甲半水稻田，甚至在稻穀收成的那一天，倆佰甲還租下了位於深溝村中心位置的廢棄碾米廠，作為最初的稻穀存放空間。

這個碾米廠已閒置十年以上，賴青松三不五時就會帶著有興趣在深溝租房子的朋友來看這個空間，可惜都因為不適合而做罷。而倆佰甲成立的第一年就租下這個空間，不僅讓賴青松刮目相看，同時，對他而言，這也代表新農夫的集體力量，開始正式在深溝村亮相。我想，是這些具體的成果，才讓行事謹慎的賴青松，對於倆佰甲這個新農育成平台有了初步的信心，並且後來願意實際參與，扮演這個平台的土地部門，負責面對老農地主。

觀諸發展過程，倆佰甲作為一個新農育成平台，顯然並非事前規劃的結果，而是在我試圖解決手上田地過剩問題的過程中，不知不覺地實現了！而且我做這件事情時非常快樂，能力上似乎也足以承擔。就這樣誤打誤撞，我很快地找到一件自己樂於投入的農村公共事務。

著名成功案例「小間書菜」

回顧倆佰甲一路以來的歷程，最能彰顯新農育成平台功能的案例，非「小間書菜」的江映德莫屬。江映德一家在二〇一三年一月來到宜蘭，想要留在當地種田。當時，江映德帶著兩個年幼的孩子，跑遍宜蘭尋找可耕的農地。他幾乎試過了所有的可能，包括直接與田裡的老農、廟前的老叟攀談，拜訪代耕業者、育苗場、農會及鄉公所等，但都無法得到肯定的答案。他還曾經找上賴青松，結果也碰了一個軟釘子。賴青松事後解釋，他當下沒有答應幫忙的主要原因，是因為看到江映德帶著兩個年幼的孩子，太太還在台北廣告公司通勤上班，擔心他沒有辦法支撐下去。最後，江映德找到了倆佰甲，他的太太彭顯惠即在倆佰甲的臉書粉絲頁留言詢問。

二〇一三年三月底，倆佰甲的春耕季已近尾聲，年紀輕輕卻滿頭白髮的江映德，抱著不到一歲的幼兒出現在我面前，我二話不說就帶他去看田地。其實當時他想找的是菜園，我卻積極推銷尚未插秧、最後僅存兩塊五厘地的迷你田區。他回家考慮了一個晚上，第二天決定接手其中一塊，這成為了後來「小間米」的第一塊稻田。很快地，由於彭顯惠運用我們租下的碾米廠三分之一的空間，開辦二手書店「小間書菜」，同時銷售農產品，經媒體大幅報導，小間米很快地打開了市場，第二年的耕作面積就超過兩甲以上。

對當時的我來說，只要能夠幫忙消化倆佰甲手上過多的田地，任何人都非常歡迎。畢竟當時我也是第一年的新手，完全沒有耕作的經驗值，心裡也沒有任何篩選農夫的標準。半年之後，賴青松才告訴我，我把進入農村種田的門檻降低了。

平心而論，新農育成平台只是我個人開始種田之後，所找到的一個值得追求的目標，從來都不是倆佰甲的共同目標。其實這也很正常，因為每個加入倆佰甲的夥伴，都有各自強烈的夢想，每個人都想要追求並實現自己的理想，在這樣的狀況下，倆佰甲本身是很難形成共識的。而在現實面，就在倆佰甲第一年割稻的前夕，由於內部成員對於組織運作認知的落差，李婉甄與幾位小農便決定退出倆佰甲。此後，倆佰甲就在我的主導下，與留下來的成員們共同協作，正式朝向新農育成平台的方向發展。

小結：新農進場門檻大幅降低

從二〇〇九到二〇一三年間，賴青松為了解決田間幫農人手不足的問題，嘗試用各種方式引進新農夫。然而他心底對於新農夫設有各種高門檻的條件限制，從而始終無法達成令人滿意的目標。但是這個初步的嘗試，不僅成為深溝村引進新農夫的第一步，在之後的三、四年間，他更以中介者的角色，建立了深溝村對外連結並引介新農進場的社會網絡。同一時期，他也積極建構自身在深溝村的人際關係網絡，藉此串連各種在地的人力及物力資源，為新農進場所需的田地及空間來源，預先打通了管道。

許多歷史的轉捩點，往往只能用巧合來解釋。政府休耕農地活化政策的啟動，為賴青松的努力，提供了足供拓展的空間。而我也正巧在同一個時間點，為了實現自己回歸田園的夢想，開創了倆佰甲平台，同時意外地大幅降低了新農進場的門檻。我無法解釋為什麼這兩個狀況同時發生在深溝村，但正因為這兩個關鍵因素同時出現，才有機會讓賴青松的志願農民夢想真正在深溝村實現。

總結來說，賴青松從深溝村的縫隙切入，打開了迎向新時代的大門。之後，二〇一四至二〇一六年間，倆佰甲的新農育成平台，大力支持半農半X生活者來到深溝村，實現他們的農村夢。**我們接手傳統農村廢棄的耕地、閒置的房舍，以網路時代帶來的新需求契機，開展出產銷模式，實現夢想，也讓我們在此安身立命。這個一方面維繫群體穩定務農，另一方面支持個體實現理想的夢幻平台，至今仍然是深溝新農社群發展的重要基礎。**

第四章

倆佰甲的實驗農場

一、半農半X生活者的湧現

在深溝村打造了一個新農夫們可以安心進場、自由發揮的支持環境。其中最關鍵的條件，莫過於充分支持他們實現個人夢想的「開放氛圍」。

當倆佰甲降低了新農進入深溝村的門檻之後，意外地吸引了許多懷抱歸農願望的行動者，前仆後繼地循著各種人際關係網絡而來。

在前一個階段，賴青松與阿寶曾積極進行在地小農間的議題串連，這些行動將宜蘭的小農群體，嵌入其他更大的社群網絡，例如社區大學、荒野保護協會或華德福學校等等。後來陸續來到深溝的行動者，大多是循著這個網絡中的人脈關係，找上倆佰甲的。

婉拒工業化農業思維

從二〇一三年八月到二〇一四年十二月，約莫有近百位想要務農的人前來拜訪，後來大約有五十位，順利接受倆佰甲的協助，在此展開他們的農村生活。至於接受與否的標準，很大程度受到我所能掌握的現實條件，以及我個人判斷的限制。

包括行動者自己知難而退的案例，我婉拒協助的狀況大抵如下：只是想要尋求就業機會、第一次就想要取得超過一甲以上的田地、企圖投資搭建溫室、精細計算成本效益等等。畢竟倆佰甲只是一個協助進場的平台，無法提供立即的就業機會，更無法保證當事人在經濟上可以順利生存。至於大興土木、搭建溫室之類，勢必需要地主進一步的同意，這些倆佰甲一律拒絕受理。因為我們一直小心翼翼地維持與地主的關係，基本上不對地主提出任何需要簽訂契約的要求，以避免危及彼此有限的信任關係。簡單歸納來說，被倆佰甲婉拒的叩門者，大多仍停留在工業化農業的思維，是在所謂「專業農民」的想像下，試圖以經營農業為生的人。

相反的，又是什麼樣的人容易得到倆佰甲的協助呢？很顯然的，**倆佰甲能夠提供的土地相當有限，所以只需要小面積農地耕作的人，得到倆佰甲協助的機率越高。而我個人對於一心嚮往種田，熱情滿溢，不太在乎成本效益的人，往往毫無抵抗力。最終的結果就是，經由倆佰甲協助進場的新農夫，幾乎都是嚮往農村生活的都市人，也就是所謂的半農半X生活者。**

沒有人意圖擴大耕作規模

這一波來到深溝村種田的新農夫，幾乎都是沒有務農經驗的外地人。這些人主要來自台灣各地，也有少數出身宜蘭其他鄉鎮。以台灣農民平均年齡六十幾歲的標準來看，他們都算是年輕農民，從二十幾歲到五十幾歲都有。而從行業別來看，這些人來自都市的各行各業，包括建築師、資訊工程師、農村規劃師、紀錄片工作者、小劇場演員、生態導覽工作者、記者、家管，甚至還有仍在學的大學生等等。有些人小時候曾在家裡接觸過農事，但絕大多數缺乏實際的田間勞動經驗。自此而後，陸續來到深溝加入歸農陣營的人們，大抵上都離不開這些類型。儘管每個人離開都市的動機不一而足，但是他們同樣選擇在深溝落腳，並積極在個人原來的專業基礎上，追求新的夢想與未來。

這些夢想或多或少與農村生活相關，或是農村社會所需要的各種服務。有些人喜歡動手做農產加工，就開發出各式各樣充滿新意的創意農產品；有的人喜歡料理，在村裡開起預約制餐廳；有人是建築師，為其他夥伴改造二手屋；有人是生物學家，開始悶起頭來研究最困擾大家的福壽螺……。**這群人有一個共通點，就是雖然都懷抱著務農的理想，卻幾乎沒有人意圖擴大耕作規模，讓種田占用太多的時間與心思。而是以種稻賣米為基礎，一方面確保基本的收入來源，另一方面也讓種田這件事豐富自己的興趣或專長，進而發展出更多富創意的社會服務內涵。**

二〇一四年是新農夫湧入深溝村的最高峰，熱潮過後，作為育成平台的倆佰甲，每年還是持續協助大約五到十位新農夫，進入深溝農村。

許多人好奇，深溝村究竟擁有什麼樣的魅力，能夠持續吸引加入農村行伍的生力軍？我自己的理解是，一方面，這些來此的夥伴們，原本就嚮往農村的生活；另一方面，我們在深溝村為他們打造了一個可以安心進場、自由發揮的支持環境。而在這個環境中，最關鍵的條件，莫過於充分支持他們實現個人夢想的「開放氛圍」。

半農理想國

二、不統整腳步的開放氛圍

採用開放社群概念運作，為深溝村新農夥伴開創了一個相對開放的氛圍。在這個氛圍裡，大家可以自由自在從事自己想做的事，過自己想過的生活。

什麼是開放氛圍？聽起來抽象，彷彿在村裡存在著一股「自由的空氣」。實際上，這是倆佰甲在第一年的春耕過程中，經過一番直面相對、紮紮實實的爭執、衝突，才逐漸形成的社群運作規則。

在傳統的思維裡，一群農夫如果聚集在一起耕作，似乎就非得組織起來，成立一個內外有別的團體才行。在台灣農村中，這類型的民間團體可說多不勝數，大的有農會、大型農企業，小的如產銷班或合作社，也有少數非營利的協會、社區組織或是營利的企業社。無論什麼樣的型態，同一個組織裡的成員，必然都有共同的目標或共享的利益。而在此前提下，組織成員則需要承擔相關的權利與義務。換句話說，哪些人才是組織的成員，是第一個必須被確立的要件。

然而，對於加入倆佰甲的新農夫而言，首要的前提，在於承諾絕不使用化學藥劑與肥料的友善耕作，這也是大家至今仍堅守的共識。至於個人因為承租並耕種倆佰甲代管的田地，是否就因而承擔了什麼樣的權利與義務，從倆佰甲創辦之初即未曾釐清。

當參與的人數漸次增加之後，為了討論這一類的議題，大家往往吵到不可開交。我還記得倆佰甲第一次開會的時候，有人提議討論「倆佰甲的理念是什麼」，有位剛加入的夥伴抱著不到一歲的小娃兒，很興奮地說：「就是友善耕作啊！」卻立即被提出議題的夥伴阻止發言。連如此抽象的主題都會導致緊張、壓抑的氣氛，當大家討論到倆佰甲公田米該如何處理時，有人拍桌子、有人掉眼淚，多方各執一詞的場面，應該就不難想像了。

這群新農來自四面八方，選擇走進農村的動機與想法各不相同，試圖統整大家的腳步，一起向前，幾乎是不可能的任務。而且，這些新農的夢想都十分強大，強大到寧可拋棄主流的生活與價值觀。另一方面，大家的口袋通常都不深，個人有限的時間與金錢，必須全部動員，以實踐自己的夢想；不可能將僅有的資源，大力投注在一個集體的夢想上，除非這個集體的夢想與個人夢想一致或相關。

但是我們所面臨的挑戰，是讓這群因為土地共享而偶然相遇的新農，在連第一次種下的稻米都還沒有收割，新的生活節奏也尚未穩定之前，試著進一步確立友善耕作之外的集體共識，那真的是不可能的任務！除了倆佰甲第一年的失敗經驗之外，深溝村其他緊密合作的共耕小團體，最終也都以失敗告終，例如：「宜蘭小田田」只維繫了兩年就解散，「有田有米工作室」成立一年就從三人合作轉型成一人負責。這或許是因為，選擇進入農村的新農夫，主體意識往往都很堅強，不輕易妥協，彼此之間很難維繫緊密的合作關係。

當倆佰甲面對這樣的局面時，我開始意識到，如果要讓這群不可能形成更多共識的新農夫，持續地走在一起，可能要藉助網路時代興起的組織形式——開放社群才行。開放社群是一種以個人主體意識與行動力為基礎的組織形式，在我的博士研究中，是很重要的關鍵概念。原本以為下鄉種田，即跟這些理論再無瓜葛，沒想到遇上紛紛擾擾的人事，還是得把一些討論開放社群議題的大部頭書籍搬出來重讀，重溫開放社群在實際操作上的遊戲規則。而許多成功運作的開放社群，多是網路上的虛擬社群，例如：維基百科、臉書等等，要把這樣的概念運用在農村裡，恐怕還有一定的挑戰。

二〇一三年七月水稻收割之後，我開始試著將開放社群概念，帶進倆佰甲。這是我第一次實際運用開放社群機制，只能很小心地見招拆招，每當組織遇到問題時，才仔細思考如何以開放社群的概念來因應。簡單地說，我所主導的倆佰甲新農社群的遊戲規則，必須謹慎地確保每個人的主體動能不會受到壓抑。但這件事說來簡單，操作上並不容易。當然，基本的遊戲規則可以很簡明，例如：實際操作該項事務的人決定該怎麼做；或是，當有人提議大家可以一起做什麼的時候，提案人必須帶頭行動，而且其他夥伴是否跟進，由個人自行決定。但是，當兩個夥伴的意見相互衝突，而只能選擇一方的時候，仍然是一個難以解決的問題。

然而，採用了開放社群概念運作的倆佰甲，的確為深溝村的新農夥伴們開創了一個相對開放的氛圍。在這個氛圍裡，大家可以自由自在從事自己想做的事，過自己想過的生活。在很大的限度裡，身邊的夥伴不會管你可以做什麼，或是不可以做什麼，特別是我。在當時，我意外地成為這個社群唯一的核心領導者，大家習慣稱我為「大頭目」，但我很清楚，開放社群基本上是分散式多核心的組織型態，每個人都是核心。因此，在當時的情狀下，我需要做的，就是設法讓自己離開核心的位置。如此開放氛圍最具體的實踐，就展現在改造倆佰甲所租用的舊碾米廠一事上。

倆佰甲租下這座舊碾米廠時，它已經荒廢十年以上。賴青松一搬進村子，便不斷引介朋友去看這座老屋，卻始終沒有人出面承租。我們在第一年水稻收割之際，因為遍尋不著更適合的稻穀存放空間，只得緊急以每個月八千元房租、簽約五年的條件，租下這裡。簽約當時，我們這些新農夫沒有意識到，這個儲存稻穀的功能，只持續三個月。這座舊碾米廠的地理位置、空間大小以及格局，其實並不適合作為穀倉。

首先，舊碾米廠位於深溝村聚落核心的五岔路口，貨車進出搬運稻穀時，並不特別方便，也有交通安全上的顧慮。其次，我們第一年兩甲半水田所收成的二百三十二包稻穀，在儲存上已經占用約莫三分之一的空間，考量到第二年倆佰甲的田區可能擴大到二十甲，可收成的稻穀將是第一年的八倍，這個空間明顯不敷使用，必須另外想辦法。第三，它的室內空間以磚牆大致分隔為三部分，當年主要是因應碾米廠的儲存、碾米作業與出貨需要。如今，如果要全部改為穀倉使用，除非拆除隔間牆，否則在倉儲管理上會有很多困擾。

倆佰甲第一年收成的稻穀，在三個月內便銷售一空，面對剩下的四年九個月長期租約，該如何讓這個空間充分發揮效能呢？對此，倆佰甲的成員曾經開會，現場的討論十分熱烈，卻沒有具體結論。不過，當時很明確的是，倆佰甲需要一個聚會的場地。在此之前，倆佰甲開會，都是借用夥伴建築師范綱城與蔡明珊夫妻位於宜蘭市的辦公室。因此，我們決定利用廠房內部居中的空間，作為大家的聚會場地，後來我們稱此處為「農民食堂」。同時，我遊說想要開立二手書店的彭顯惠，租下廠區鄰近庭院的空間，每月支付兩千元的租金，提前實現她開店的夢想，也就是後來大家所熟知的「小間書菜」。就在這樣的想像之下，我們開始動手改造了這座舊碾米廠。

整座舊碾米廠的改造，非常隨興，就是誰想改造碾米廠的任何部分，就自己出錢出力去進行，工程持續到沒有人想要繼續更動為止。就像建築師柯斯堪夫妻在改造初期，就自己動手把鐵捲門漆成不亮的黑色；蔡明珊出錢出力，用舊木窗改造成主燈；范綱城認為小間書菜後面需要一個公用廁所，他出錢施作，但書是設計一定要聽他的。小間書菜的木質大門框架，則是由我設計施工，目前都還在使用當中。當然，還有許多夥伴一起工作，舊碾米廠的改造才得以在三個月內完成。至於最基礎的工程，包括地面重鋪水泥、屋頂防漏工程等，就以倆佰甲公田米的收入作為基本資金，來支持施作的花費。不過，多年後我隱約想起，地板的水泥鋪設是由范綱城建築師的工程包商朋友黃老闆來施作的，事後好像沒有來請款。

這個以個人意志為基礎，眾人互相協作的工作方式，非常有趣。大家可以在其中自由地發揮自己的創意，暢快地燃燒自己的熱情，並在眾人的肯定下得到莫大的成就感。這是一種開放社群的運作方式。或許就是經由此次經驗，倆佰甲的組織運作方式才定了調。自此，包括春耕與收割等各種集體事務，倆佰甲都是以開放社群、自由參與的方式運作。我認為正是這樣的氛圍，才吸引了許多新農，特別是年輕農夫來到倆佰甲。

不過，很顯然地，在實務上，倆佰甲如此的開放氛圍，是建立在兩個堅實的基礎上：一個是作為新農社群與傳統深溝老農地主之間緩衝介面的農地代管平台，另一個是對新農耕作高度友善的水稻代耕產業鏈。同時，這樣的開放氛圍，也被兩個特殊的場域——農民食堂與深溝論壇所持續催化。

居中媒合的農地代管平台

來到深溝村的新農們，基本上都是致力於從事不使用化學藥劑的友善耕作。這與賴青松十幾年來在深溝村所堅持的農作方向是一致的，說起來似乎簡單，只需要照著賴青松既有的方法，按部就班，就能夠從深溝村水田裡順利種出稻米，不是嗎？事情顯然沒有那麼簡單。

在深溝村，賴青松之所以長期受到老農地主們的信任，有一個關鍵的原因是，他雖然沒有使用化學農藥與除草劑，但是在水稻耕作的各個階段，他所管理的友善稻田，外觀上都跟使用農藥與除草劑管理的稻田沒有明顯差異。在水稻生長期間，賴青松一定會想方設法地把田裡被福壽螺吃掉的秧苗補齊，將雜草清除乾淨。簡單地說，賴青松耕種的水稻田長得整整齊齊、飽滿漂亮。當然，只要能夠做到這種程度，水稻的單位面積產量往往也能達到一定的水準。

但是，新農們大部分都無法達到像賴青松一樣的水準。如果這只是因為缺乏經驗，以致於在田區管理上有所疏漏，那倒不是太大的問題。只要假以時日，累積更多經驗之後，就有機會達到老農的標準，至少不至於被老農地主們嫌棄或批評。比較麻煩的狀況在於，新農在友善耕作的方法上，往往有各式各樣的追求與理想。新農法的實驗與嘗試，經常導致田區的管理無法達到一般標準。甚至，有些新農還會刻意挑戰這樣的標準，覺得自身的做法才正確，老農一味追求雜草清零的想法是落伍的。

對於雜草失控的田區，老農地主們的顧忌通常有兩種，一是看了不習慣，總覺得自己辛苦照顧了一輩子的田地，本來種得漂漂亮亮的，現在被新農搞得亂七八糟，還會被鄰居親友笑話，怎麼吞得下這口氣；另一個擔憂是田裡長了這麼多雜草，萬一這個新農明年放手不管，那落在田裡的雜草種籽又該叫誰來收拾？

這種新農與老農之間，在價值觀與實際操作面上的根本衝突，幾乎無法妥協或

化解。我們不可能讓老農心裡過不去，因為他有可能因此收回土地；但同時，也不可能要新農放棄自己在農耕上的發想，因為他也可能因此離開深溝村。所以，我們的做法，就是在老農與新農之間建立一個田地代管的緩衝帶。

多年以來，倆佰甲作為新農育成平台，最主要的功能即是為新農夫媒合田地。媒合的方式頗為獨特，深溝村的老農或地主將田地交給賴青松代管，他將這些田地轉介給我（倆佰甲的負責人，面對新農的窗口。二〇一七年春耕之後，這個位置轉由曾文昌接任），我再媒合給新農夫。簡單地說，賴青松就是倆佰甲的土地部門，我與繼任的曾文昌則是人事部門。有了這個媒合平台的機制，地方老農們不需要對新農夫有一定程度的熟悉與信任感，也能夠將田地轉租出去；同時，新農夫也不必到處碰運氣，尋找願意出租的田地。

更理想的是，在這個機制下，我不必直接面對老農與地主們，費心打點關係，那對我這種移居深溝村不久的新人而言，確實有些沉重。至於面對新農夫，因為很好奇他們為何而來，於我是一件充滿樂趣的事。相對地，這樣的機制，也讓已耕種十多年的賴青松，無須將一定的農事標準直接套用在新農夫身上，畢竟這些標準對新手農夫而言確實十分為難。而維繫與老農及地主之間的信任關係，則是賴青松長期立足深溝村的根本，也是他日常需要費心的所在。

在如此平台機制下，老農與地主們如果對於耕作的新農夫有任何意見，會直接向賴青松反應，他將這些意見轉達給我，我再告知新農夫，提出改善的要求。在這樣層層轉達的過程中，即使老農與地主們有再多的抱怨或不滿，對剛進場的新農夫來說，壓力已減輕許多，雙方不會立即產生過於激烈的對立或衝突，進而減少新農夫折損或退場的機率。

但維持這樣的機制，倆佰甲也有需要面對的壓力與風險。例如新農夫與可耕田地的供需天秤兩端，難免出現落差。老農與地主們大多在每年的十月休耕期結束之後，便會決定下年度釋出田地的數量，此時，倆佰甲必須當下決定是否承接新田。然而，往往要等到來年春暖花開之際，大型曳引機的引擎聲此起彼落地隆隆響起，才會催促新一批的夢想家們痛下決定！想要投入水稻耕作的新手們，似乎必須看到有些田裡開始插秧了，才會意識到做決定的時刻到了。只是，此時如何才能有多餘的稻田來支應新手們的需要呢？

從另外一個角度來說，原本由賴青松二〇一二年一肩扛下的艱難決策，如今每年入冬後，改由倆佰甲的平台集體承擔。如果該年度倆佰甲所承接的農地面積，大過於新手農夫所需要的數量，我便需要出面協調，拜託有能力的夥伴們暫時代管多餘的田地。這樣的操作模式，也再度體現倆佰甲作為育成平台的公共性，最重要的目的就是保留深溝村珍貴的農地，為往後可能進入深溝的友善新農留下一條路。

友善新農的水稻產業鏈

為了支持新農們順利耕種水稻，倆佰甲也需要擁有一套能有效運作的機械化稻作代耕系統，特別是在新農們剛剛進場的階段。

在一般的台灣農村，水稻的機械化代耕系統已非常完備，是發展成熟的產業鏈。服務內容從大型曳引機的耪田與整平，到育苗、插秧、施肥、收割、運送、烘穀、儲藏及冷藏，乃至於最後階段的碾米、色選與真空包裝等環節。然而既有的產業鏈無法為新農們提供適合的服務，主因是業界早已形成一套符合規模化、標準化的作業程序。這套高效率的代耕系統，奠基於越來越大的生產規模，大面積的單一田區，以及農地重劃過後源源不絕的灌溉溝渠。同時，農夫也需要熟練地配合機械化操作的節奏，在每一個生產環節跟上腳步，例如，在春耕整地之前，隨時確保田區能維持適當的水位。

然而，新農卻往往面臨種種不利的處境。首先，由於友善新農是最後進場的參賽者，因此入手的常是慣行農法業者因不利大型機器操作而放棄耕作的田地。例如，不方正或位置不佳的田地，抑或是土層較淺充滿礫石的薄田。其次，倆佰甲幾乎都是新手農夫，對田區的操控上往往不如人意，很難配合大型代耕業者所要求的精準度。第三、新農的耕種面積相對較為零碎，這對田間機械的操作，或是稻米收割後的後期作業，都不可能有很好的效率。種種原因讓我們很難找到願意長期配合的代耕業者。也因此，如何建置一套專門服務新農夫的水稻產業鏈，是一開始就出現在眼前的難題與選擇。

倆佰甲第一年接下的兩甲半水稻田，是透過李婉甄的引介，才找到願意協助的代耕業者。但是到了第二年，倆佰甲的水稻耕作規模瞬間擴大，增加到三十位小農、二十甲的田地，這對只有兩年耕作經驗的我們來說，是極大的挑戰，需要專業代耕的協助。沒有人可以告訴我們該怎麼辦，只有靠自己摸索，想辦法摸著石頭過河解決問題。同時，許多新增加的田地，因為長年處於休耕狀態，連專業代耕業者都避之唯恐不及。例如土層中石頭很多的田、有湧泉難以排乾的田、奇形怪狀不方正的田等等。

結果，這一年在尋找代耕業者上硬是吃足了苦頭，但也因此促使我們認清現實，自己發展代耕系統，是遲早都要面對的課題。

當時，倆佰甲內部分成四組，分頭尋找願意協助的代耕業者。但是，由於休耕農地活化政策的推行，許多代耕業者本身也被迫承接過多的田地，操作能量已趨近飽和。因此，我們只能非常彈性地運用各個不同業者剩餘的零碎時間，一點一點完成田間的工作。而最初分成四組委託代耕業者的目的，也是考慮到若遭遇臨時狀況，還有其他三組可以支援。當四組業者都無法進場時，我們就自行購買小型的二手設備，把最後剩餘的作業完成。**正是在如此艱難的處境下，倆佰甲的水稻代耕操作系統，一開始就具備開放、彈性的特徵。同時，也因此開啟了自備農業機械，甚至促成新農夥伴成為專業代耕業者的道路。**

隨著倆佰甲的規模日益成長，透過各種管道來到深溝村及周邊村落的新農越來越多，友善耕作的面積也一年一年增加，開始出現有心投入代耕事業的新農，購買各種大小農機。我自己就買了一輛二手的大型曳引機為大家翻耕田地，後來有人陸續添購插秧機、割稻機、烘穀機、碾米機等等，為這個不斷成長的新農社群提供專業服務。同時，也有新農們以集資的方式，共同購買農機以滿足自身水稻生產的需要，這種做法一方面可以減輕個人添購農機的成本，一方面也可以讓更多人取回田間管理的自主權，例如農機進場的時間，以及翻整犁田的方式，而不必受制於傳統代耕業者的操作慣性。

由於提供代耕服務的就是新農社群自身的成員，更能了解與體諒新農的處境，因而慢慢發展出滿足友善稻作需求的專業服務。例如：在不用藥的情況下，為了減少福壽螺對於水稻秧苗的危害，有人建議在春季田區翻耕時，在四周的田埂旁邊。開鬮出較深的側溝，引誘福壽螺集中於此。而因為擁有自己的曳引機，我們可以從嘗試錯誤之中，找出以曳引機開溝的方法與程序。又例如在稻穀的儲存上，建立一套共享倉庫的彈性管理方法，以因應新農小量出貨的需求，而這些都是既有業者不願意或無法提供的服務。

發展至今，目前在宜蘭員山地區，已經出現不少代耕業者，願意為新農夫們提供各種開放及彈性的服務。其中有傳統的在地代耕業者，也有轉型投入的新農夥伴。如今每位進場的新農夫，都有機會在此找到相契的業者，彈性地建構出專屬自己的作業流程，實現理想中的農耕事業，掌握務農的自主性。

農民食堂

「土地代管平台」與「友善代耕產業鏈」的支持，讓新農們的夢想，免除了既有社會農耕體系的束縛。而如果要讓新農們天馬行空、不一而足的夢想，得以加速實現，還需要一個大家可以隨時相聚，自由盡興地當面討論、相互激盪的場域，那就是在二〇一四年與二〇一六年兩度出現盛況的「農民食堂」。

農民食堂這個空間的命名，發生在我們共同改造舊碾米廠的過程中。因為參與空間改造的夥伴們經常需要一起出去吃午飯，久而久之，大家也覺得很麻煩，於是便有人搬來一具快速爐，開始為大家炊煮食物。沒多久，我們就將這個聚會空間，命名為「農民食堂」。內部主要的空間配置就是一個簡單的廚房，以及一張可以圍坐十幾個人的大桌子。農民食堂從來不鎖門，地上也只是簡單的水泥鋪面，重鋪之後仍有些粗糙，這是為了讓夥伴們即使穿著沾滿田土的膠鞋，也能夠毫無猶豫地直接走進來。

二〇一四年春耕時節，農民食堂迎來了它的第一次熱鬧景象。這一年，倆佰甲有三十位新農夫，人數是前一年的五倍，耕作水田共達二十甲，面積則為前一年的八倍。這個驚人的成長速度，不僅讓人眼睛一亮，而以友善耕作方式操作二十甲水稻田的春耕，更是深溝小農們不曾有過的經驗，更何況我們都是新手農夫。為了面對春耕的挑戰，我們幾乎每天都在農民食堂聚會，一方面隨時更新關於田地操作、秧苗取得、可以前來的代耕業者等各種資訊，另方面也分享彼此在這個新移居之處的所見所聞與心情。

農民食堂幾乎每天中午開伙，夥伴志願性地輪流為大家煮飯，其中又以張麗君最為積極。而張麗君在農民食堂歷經三個月為二、三十位食客備餐的經驗後，半年後就租下食堂旁邊的通鋪，開辦「貓小姐食堂」餐廳。有一次，外地朋友來訪，大家一同在農民食堂用餐。她分享了那次奇特的感受：「怎麼會有一群人一起用餐兩個小時，話題只圍繞在福壽螺，還講得那麼興奮。」是啊，那年春耕，從二月到三月，我們在農民食堂真是好好講了一番福壽螺呢！

如果二〇一四年農民食堂的景象，像是倆佰甲所孕育的各式各樣種籽正在萌芽，那麼，二〇一六年的食堂，就是倆佰甲夥伴們的百花齊放。這一年，倆佰甲進入第四年，夥伴們除了農田耕作慢慢趨於穩定，歷經三、四年的努力與累積，各自的夢想也到了開花結果的時節。意外的是——這或許也是必然，這一年的精彩故事，是從不愉快的相互計較開始，所謂的不打不相識吧。而有趣的是，此番相互計較導致農民食堂既有的運作模式瓦解，卻進而釋放了巨大的農村創新能量。

二〇一六年一月，由「小間書菜」、「貓小姐食堂」及「小鸊米工作室」，共同經營約一年的公車小旅行，因為空間的收拾問題，三方有所爭執，導致合作結束。接著，貓小姐食堂也在該年四月，由於個人因素而結束為期一年半的營業。這個變化讓這個農民食堂與貓小姐食堂原有的空間使用模式——貓小姐食堂與農民食堂共用廚房，張麗君因此日常性地義務維護農民食堂——瞬間瓦解。這兩個相連的空間如何有新的使用模式，開始激發有志者的創意想像。

整個五月，大家經常在食堂七嘴八舌地發表想法。致力農村報導的「田文社」

Over（本名林欣琦）與蟻又丹（大家稱呼他「螞蟻」），率先提議他們可以重新改造廚房空間，在材料費有人願意支付下，他們立即開始設計，親自動手改造。而長期經營農村廣播「米米之音」的大米（本名林瓊美），想以深溝小農故事為報導內容，得到大家熱切地討論，一度還考慮就在農民食堂設置廣播電台，只是這個天馬行空的幻想終究要面對現實的資金與法令問題，困難重重。後來意外地，大米終於在六月初的某個週六中午，把《我愛深溝》第一集節目放上網路平台，如此持續了半年，直到蘭陽廣播電台免費提供時段給大米的農村節目為止。很快地，貓小姐食堂的空間，就由準備轉型的穀東俱樂部租下，朱美虹開始經營「美虹廚房」餐廳。

而廣受外界矚目、以小間書菜老闆娘彭顯惠種菜為主題的「第一次種菜就失敗」系列報導，也是在此階段的農民食堂發展出來的。「第一次種菜就失敗」是由Over創作的連環照片故事，她計畫性地長期觀察與拍攝食堂中正在發生的事。後來，隨著種菜季節的到來，彭顯惠興奮地開始在食堂門口育起菜苗，在菜園種下，接著卻因為連日下雨而全軍覆沒。Over一路跟拍這個既無奈又好笑的情節，最後把它以連環照片故事的方式，上傳到社群媒體，引發了廣泛的迴響。

基於這一年的創意大爆發，隔年一月，我們在深溝舉辦了「深溝亂譚」論壇，對外分享這些農村社會創新成果。實際上，每當深溝小農群聚有了最新的發展，我們常會以論壇形式，讓創新者上台分享成果。

深溝論壇

如果農民食堂是我們這群半農半X生活者，進行非正式日常交流的空間，「深溝論壇」則是在特定時間與地點，讓我們與外界朋友互動的場域。

一個特定農村裡，由村民自訂主題，自辦論壇，這在台灣的農業社會裡，應該也是一件少見的事。在深溝村舉辦論壇，來自我的起心動念。二〇一四年的九月，稻穀收割與稻米出貨的農忙暫告一段落，我意識到深溝村半農半X生活者的群聚，應該已經成形並進入穩定狀態。這些夥伴們除了從事農耕之外，也陸續開始在這裡實踐他們的夢想。我覺得這些從農村開展出來的可能性，需要被外界看見。

與此同時，倆佰甲開始接到宜蘭其他區域地主的詢問，希望我們能為他們的田地提供代耕服務。這件事挑戰了倆佰甲這個新農育成平台，是否有意願及能力擴大服務的地理範圍？當時，我們的答案是否定的！於是，便將這些田地轉介給相對鄰近、也從事友善耕作的其他農夫。這個選擇讓我意識到，蘭陽平原上還存在著其他推廣友善耕作的團體，也正在做跟倆佰甲類似的事。

基於這兩個原因，當年十一月，我有了舉辦論壇的念頭，想要透過介紹宜蘭各地農村的新發展，讓意欲來此生活的都市人，有更多地點的選擇，這個想法很快得到倆佰甲夥伴們的支持。二〇一五年一月，我們借用深溝國小的大禮堂，首次舉辦了為期兩天的「宜蘭友善新農村論壇」。論壇第一天，我們邀請其他也在宜蘭推廣友善耕作的團體交流經驗，第二天則是安排在農村裡開創各種新型態商店、餐廳或服務的朋友們，分享創業過程。此次還吸引了國外媒體前來採訪。

二〇一六年，小農社群蓄積三、四年的能量，帶來深溝村在社會創新上的百花齊放。這些發生在深溝村的社會創新，似乎正在形塑一個網路時代新農村可能有的樣貌。我們在二〇一七年一月，再一次舉辦同樣為期兩天的論壇，呈現這個新農村的發展樣貌。這次的論壇取名為「深溝亂譚」，並搭配了在草地上進行的市集活動，名為「深溝好墟」。

這兩次論壇頗為成功。各為期兩天，每天收費五百至六百元，每天都約有六、七十位的報名參與者，以在農村舉辦的活動來說，真是不容易。

三、社會創新百花齊放

這些來自都市的專業能力，因為與大自然連結，開始有了春、夏、秋、冬，開始有了自己的生命力，再加上夥伴相互激盪，各種社會創新源源不絕。

二〇一四年是倆佰甲新農進場人數最多的一年。這一年，有三十位夥伴一起下田耕種。早上大夥兒到田裡忙，中午在農民食堂一起吃飯、聊天。此刻，食堂裡擠滿了人，一些人自告奮勇輪流準備午餐。剛從田裡收工回來的，興奮地聊著新發現，以及討論如何面對福壽螺與雜草的兩難困境等等。即使是農閒時節，大家還是時常聚在食堂，聊聊各自的展望，或是彼此之間可能的合作。

這一年裡，大家在農民食堂激發出不少有趣的創意。例如：曾文昌用小火鍋杓改製成捕螺神器，比起其他工具，如配有長桿的撈魚網，這個捕螺神器更輕巧靈活，甚至可以優雅地一邊散步，一邊把左右兩邊的福壽螺撈起，並隨手丟進以繩子繫在腰間或拖在身後的鋁盆中，此神器因此在社群裡快速擴散；陳毅翰與林芳儀夫妻所啟動的「農田裡的科學計畫」，獲得大家共同支持；「小鸝米工作室」結合「貓小姐食堂」及「小間書菜」，推出頗富創意又有趣的「公車小旅行」一日行程等等。

雖然大家到深溝主要是種田，然而來自各行各業的夥伴們，實則也為這個農村帶來各種專業能力。這些主要來自都市的專業能力，因為與農村、與大自然連結，開始有了春、夏、秋、冬，開始有了自己的生命力，再加上夥伴彼此相互激盪，共同協力，因此各種社會創新源源不絕，不僅實現個人自我，也為農村帶來新的景象。

農田裡的科學計畫

二〇一四年春耕時節，倆佰甲的水田裡來了一對生態學家夫妻，陳毅翰與林芳儀。我還記得那年春天，我路過他們的水田，看到陳毅翰正在安放寶特瓶。他在寶特瓶瓶身上挖了個大洞，瓶裡放著香蕉。我很好奇地詢問，原來他們正在研究福壽螺的生態習性，特別是何種食物最能吸引福壽螺。

為此，他們正在設置捕捉福壽螺的陷阱。後來他們推出了「農田裡的科學計畫」，試圖以量化的科學方法，掌握生物、環境與農夫之間的關係（農田裡的科學計畫：https://www.scienceinfield.com/about），並結合其他友善小農，協力進行這些科學研究與應用，其中包括福壽螺陷阱。

因為採取友善環境的耕作方式，小農們必須對田間生態有更深度的理解與掌握。而台灣農業研究單位的重點，長期以來都以使用農藥的工業化農業為主，對於無農藥栽種的關注十分有限，遑論相關知識的調查研究，以及操作技術的研發。雖然陳毅翰與林芳儀的研究結果，尚不足以徹底解決福壽螺危害水稻生長的問題，但由於他們願意分享研究的成果，倆佰甲的夥伴們快速累積應對福壽螺危害的經驗值，減輕不少這方面的壓力。

公車小旅行

熱衷環境教育及生態解說的小鷗（謝佳玲），二〇一四年春天，與「宜蘭小田田」的吳佳玲，以及老農陳榮昌，一起合組「有田有米工作室」，開始在深溝村耕種水稻。當年底，小鷗與「貓小姐食堂」及「小間書菜」合作，推出「公車小旅行」活動。小旅行從宜蘭火車站搭公車出發，小鷗會在公車上沿路為大家解說宜蘭風土背景；中途在深溝村停留，聆聽小農群聚的故事；中午在貓小姐食堂用餐，並逛逛小間書菜；之後就前往隔壁內城村小農夥伴經營的菜園，參與農事體驗。如此一日行程十分豐富多樣，下午五、六點就可乘公車回到宜蘭火車站，搭火車回家。

以鄉間公車作為旅遊的交通工具，是一個非常有趣的發想，這是公車小旅行活動的關鍵創意。因為鄉間公車平時的載客率不高，在非上下學時段，多載運一、二十位乘客沒有什麼問題，反而增加了公車的使用率。且儘管鄉間公車班次不多，但支援一日的體驗行程，綽綽有餘。而且鄉間公車的到站時間十分精準，因此每一個定點活動所停留的時間，必須依照公車時刻表做緊湊的安排，不易發生時程延誤的情形。

小鷗作為小旅行的導遊，從遊客在宜蘭火車站搭上公車開始，就進入解說模式，與大家分享深溝的新農村故事。我曾經問過小鷗，為什麼她那麼喜歡舉辦這類活動？她很認真地說，因為她很喜歡說話，辦小旅行可以讓大家付費來聽她說話。

二〇一五年，當時年僅二十五歲的邱冠霖，就因為參加了公車小旅行，才開始踏入深溝村種田，至今他除了耕種之外，也從事廟宇民俗文化的相關調查及研究工作。

土拉客實驗農家園

二〇一四年，從桃園大溪轉移陣地到深溝村的「土拉客實驗農家園」，也開始在倆佰甲所提供的八分地上耕作水稻。土拉客是一個推廣多元性別觀念的組織，以共同從事農耕與農產品銷售為基礎，實驗一種集體生活的可能性。

這一年，土拉客的核心成員蔡晏霖，與任職於臺大城鄉基金會宜蘭工作室的吳亭樺，在深溝村與宜蘭市之間的郊區地帶，租下了一棟閒置的磚造老屋，創立了一個以獨立書店及社會運動倡議為核心內涵的「松園小屋」。松園小屋積極舉辦各類型活動及講座，讓台灣社會各種進步的觀念與主張，得以在此發聲並向社會推廣。同年，宜蘭縣的農地農用運動正風起雲湧，許多會議及活動都是在松園小屋展開。

後來，松園小屋租用的房子被房東收回，成員們決定將據點轉移到員山近山地區的內城村，鄰近深溝村的一處聚落。在這個小小的聚落裡，已經有兩戶倆佰甲的夥伴在此購屋居住，並搭建烘培麵包的基地。隨著一個新的群聚據點的形成，可以預見松園小屋將在過去的經營基礎上，啟動一個新的階段，後續的發展令人期待。

二〇一六年，是倆佰甲能量大爆發的一年。這一年，已是新農夫進入深溝村的第四年，在逐漸熟悉耕種流程之後，平時聚集在農民食堂裡的新農們，簡直個個創意破表，能量噴發。由於原有的「貓小姐食堂」因故歇業，間接啟動了農民食堂空間重組的過程。在舊有空間秩序瓦解的同時，各種創意及想法趁隙而入。

開放農業實驗基地

一直嘗試藉由適切的科技，解決友善耕作產銷相關問題的陳幸延，也是經由小鸖的引介，來到深溝村的。二〇一四年，陳幸延抱著歸農的夢想移居宜蘭，在宜蘭縣政府舉辦的青年學院課程中，參加小鸖企劃的公車小旅行，因此走進了深溝村。二〇一五年的春天，他與小鷗及幾位朋友組成「小農應援團」，開始為村裡有需求的農友們，提供義務性的田間勞動服務。

陳幸延原本為自由軟體工程師，在那段援農的過程中，他意識到有些友善耕作的田間生產問題，其實以簡易的技術及便宜的工具即能輕鬆解決。

二〇一五年底，他以市面上很容易入手的零件，組建了一個簡單的氣象預測站，嘗試性地偵測並收集深溝村在地的微氣候資訊。之後，他還試著組裝了電動割草機、挑米機、小型田間自動水閘等等；並在二〇一七年與一群自由軟體的愛好者，共同成立了「開放農業實驗基地」（Open Hack Form），研究自動種植各種作物的軟體組件。同時，陳幸延也嘗試開發產銷平台軟體。

很有趣的是，因此被稱為科技農夫的陳幸延，從事這些科技應用的主要目的，並非想憑一己之力將它們商業化，而是要藉由這些適切科技的應用與行動，引發各界對這些問題的重視，進而提出商業化的解決方案。

《我愛深溝》

《我愛深溝》是一個有趣又獨特的節目，它開啟了大米獨立製作農村廣播節目的道路，而這可說是由聚集在農民食堂的新農所促成的。

身為廣播人，製作自己覺得有意思的節目，一直是大米的夢想。但她並不認同傳統廣播電台的某些操作方式，雖然她的工作表現不錯，為羅東廣播電台製作的整點報時，還曾經獲得金鐘獎的肯定，但始終覺得無法達到心中理想的目標。二〇〇八年，大米邀請賴青松上節目受訪，自此跟深溝結下了不解之緣。長達八年的時間，大米不時會造訪深溝，特別是小農開始群聚的後四年，甚至考慮移居到這裡。大米雖然不下田，但是透過農村聲音的收集，生動掌握了我們這群小農的生活節奏與內涵。

二〇一六年五月，田間農事稍閒，一群人在農民食堂裡七嘴八舌，相互推坑，終於孕育出大米的「米米之音」農村廣播節目。當時正值計畫改造農民食堂的空間，經常提出許多怪點子的Over，提議在貓小姐食堂的店門口，裝修一個小小的播音間，讓大米開啟自己的廣播事業。當時，一群人還認真討論是否要架設發射站，甚至積極打聽一組廣播發射器需要多少成本。討論遲遲沒有結果，大米困擾於沒有理想的錄音室，無法確保錄音品質，然我幾次勸說她先做再說，邊做邊修正，一定能找到出路。

同年六月四日，大米將《我愛深溝》第一集，「雪青的第一堂農村台語課」放上了網路平台Sound Cloud。有趣的是，那一集的節目，是在下著大雨的鐵皮屋頂下錄製而成，充滿臨場感的環境音，讓節目有著滿滿的農村味。《我愛深溝》每週固定推出一集，皆以深溝新農社群的人物、事件作為報導的主題，前後持續半年。近年，大米在教育廣播電台主持農村廣播節目，並連續兩年入圍金鐘獎。二〇二〇年推出的新節目，還以「農民食堂，開飯了！」為名。

「第一次種菜就失敗」

「第一次種菜就失敗」，可說是一直想從事農村報導的Over的成名作。這則二〇一六年九月發表在田文社臉書粉絲頁，以小間書菜老闆娘彭顯惠為主角的報導文章，以獨特的形式與敘事風格，透過一連串生動有趣的連環照片與說明，述說彭顯惠發願種菜，卻一種就失敗的故事。由於表現方式幽默生動，該文在兩週內被分享兩千餘次，不只打破了小農同溫層，還吸引數家出版社邀約出書。

Over 所撰寫的這篇故事，最主要的場景就是農民食堂。農民食堂一直沒有明文規範使用規則，容許倆佰甲的夥伴們在此自由發揮，各行其是，這也誘發了 Over 從中萃取報導題材的念頭。她為了在大夥兒沒有警覺的情形下拍下最自然的照片，以每個月一百元的租金，租下食堂大桌一個視野絕佳的角落。名義上是個人的工作空間，實際上卻是觀察記錄倆佰甲成員日常活動的據點。因此，當食堂空間處於重新定位的過渡階段，彭顯惠開始利用食堂門口作為育苗場時，Over 早已端起相機等待許久。

在此系列故事之前，Over 即曾認真經營一個頗富深度的農村報導計畫「宜蘭色」，是以不同季節的照片，呈現足以代表那個季節的顏色，並為此寫下鮮活的農村生活故事。可惜這系列作品當時沒有得到很大的回應，或許是在網路時代，如何博君一笑，遠比嚴肅地呈現深刻的內容，更容易被一般大眾接受。

農民食堂的開放氛圍，確實讓這群先後來到深溝的半農半X生活者們，在田間的稻作生產以及各自的才華興趣上，皆有一個可以相互激盪的場域。而這樣的激盪不僅激發出各種創新的想法，也帶動了深溝街區的改造。

四、共享街區

投入創新事業的小農夥伴們，都是憑藉著熱情，一頭栽進自己的夢想之中。而這也正是深溝小農社群能夠百花齊放的迷人之處。

在深溝村，一如台灣許多的傳統農村，位居聚落核心的商業空間，原本只是服務在地居民，而在有限的消費規模下，往往只能提供最基本的物品，以及日常性的服務。然而相對地，新農們在此經營商業空間，最初的起心動念，多是為了服務遠道而來的親朋好友或粉絲消費者，分享自己的農村生活。簡單地說，當新農社群的親友或粉絲來訪時，便需要在自己的住家之外，有一個可以坐下來好好吃飯與聊天的地方。更理想的，最好能提供一個訂購產品的消費空間，甚至可以短暫停留或住宿的所在。就在這樣的市場需求驅動之下，幾位新農夥伴便開始在深溝街上開起店來。

一開始，由於這種消費需求的特性與規模並不明確，加上新農們缺乏開店的經驗，因此往往只能以最小的投資規模進行市場測試。這裡所謂的最小投資規模，意指能不花錢的地方就不花錢，可以自己動手做的部分就自己動手做，經營者以燃燒熱情的方式，投入自己的時間，分享自己的愛好，提供各種獨特的、客製化的商業服務，來滿足消費者的需求。

小間書菜

從二〇一四年初開始，新農們前仆後繼地在深溝村的街上開店營業，主要提供三種類型的商業服務：購物、餐飲及住宿。其中友善小農產品的展售，是最早出現的。

二〇一四年一月，小間書菜在熱鬧的鞭炮聲中開幕營業。它的店面緊鄰農民食堂右側，是個約莫十坪大小的空間，店內販賣各種在地的農產品及加工製品，還有農創商品及二手書。開辦小間書菜是彭顯惠來到農村的夢想，其中最關鍵的就是二手書，彭顯惠心儀二手書，因為她非常喜歡二手書的味道。小間書菜提出以書換菜的獨特經營方式，即你可以拿二手書來店裡兌換等值的小農蔬菜，這一方面可以為小間書菜帶來客人，也可以把小農產品順帶銷售出去。

以書換菜的經營模式受到媒體很大的關注，也吸引許多年輕人大老遠跑來消費。很可惜的是在支撐六、七年之後，小間書菜並未摸索出適當的永續營運模式，於二〇二〇年十月，結束了它在深溝村街上的營運。

慢島直賣所

小間書菜經營期間，有一段時日，即二〇一六年八月到二〇一八年五月，農產品部門曾經轉型為「慢島直賣所」，兩者之間主要的差別，在於店內農產品從原本由小間書菜買斷銷售，轉型為友善小農自行上架、自行訂價的營運方式。

產地有直售農產品的通路，對於在地小農是最好的選擇，不僅可以省下交通費用與時間，更可以保證農產品的新鮮度，同時，產地通路也最能了解小農處境，體諒各種難處。

慢島直賣所的啟動，是在大家七嘴八舌，以及小間書菜想要改變其農產部門經營方式之下發想出來的，而由我遊說新農夥伴黃郁穎以志工身分出任所長而展開。這種源於日本，由小農合力經營的賣場形式，一直是新農們心中共同的夢想。它與小間書菜之間的關係有點像是「店中店」，其實就是在有限的空間資源中，不斷地摸索可行的經營模式。

最初大家對於這樣的經營方式抱持很大的期待，一開始有超過三十位的小農夥伴上架自己的產品，此做法也以另一種共同經營的方式把大家聚攏在一起，不過，終究還是因為沒有找到適當的商業經營模式，無法創造合理的利潤，避免不了收場的命運。

貓小姐食堂

「貓小姐食堂」是新農社群在深溝村開辦的第一家餐廳，經營者是張麗君。張麗君是動物醫生，喜歡貓，所以餐廳取名貓小姐。二〇一四年的春天，她來到深溝村承接一分地的水稻田，因為熱愛且擅長料理，不知不覺間，她幾乎成為農民食堂的專屬廚師，是最常為大家準備午餐的一位。

二〇一四年十月，張麗君決定租下農民食堂左側，原本堆置稻穀的倉儲空間，稍作整理後，開了貓小姐食堂。張麗君從未經營過餐廳，先前春耕期間經常需要準備超過二十人的餐食，這對她而言應該是一段寶貴的經驗，逐漸累積出待客供餐的基本能力，進而勇敢踏出築夢的第一步。

身為一名素人廚師，貓小姐食堂在小農社群的支持下，算是經營得不錯。在當時，貓小姐食堂是我們接待來訪客人用餐很好的會客場所，每當有團體參訪，也會安排在這裡用餐。雖然，二〇一六年四月，貓小姐食堂停業了，但是張麗君對深溝村的重要貢獻，就是為這個空間打開了經營餐廳的可能性。這也是美虹廚房能夠接手經營的重要基礎。

至此，讀者心中或許會有些困惑，為什麼許多經營案例，都以收場告終？在農村中開展這些社會創新，哪怕是開一家新型態的餐廳，或是書店，都是從無到有，確實不是一件容易的事。**投入創新事業的小農夥伴們，在沒有什麼資金的支持下，都是憑**

藉著熱情，一頭栽進自己的夢想之中。而這也正是深溝小農社群能夠百花齊放的迷人之處。在這裡，每個夢想都會有人鼓勵你努力實現。

夢想一旦落實，自然會遇到諸多現實挑戰。例如，喜歡做料理，也樂於分享，但每逢週末，都要準時為無法預期的客人提供服務時，原有的熱情可以支撐多久？哪怕餐廳的確可以為自己帶來收入。來到深溝種田的夥伴們，幾乎都是追求自由自在地過生活，而這樣的想望終究要面臨服務業的專業挑戰，我以為這是這些無法持續的夢想最關鍵的困境。

這也是我們後來為什麼改以專業分工的合作方式，即之後會談到的「慢島生活有限公司」，來實現個人夢想的原因。收場告終不是深溝小農群聚故事的重點，重點是一棒接一棒的創新能量，就像從貓小姐食堂開始，歷經以下會談到的「美虹廚房」，再到「一簞食」、「穗穗念」，在深溝街上開餐廳，經由不同人、不同想法的嘗試與實驗，不斷累積，不斷進化，才能為深溝找出新農村發展的可行路徑。而每位夢想家，也才能因此真正落地，找到在此安身立命之道。不試，怎麼會知道呢！

美虹廚房

貓小姐食堂停業後，賴青松的妻子朱美虹，以她自己原有的品牌「美虹廚房」，接下食堂空間，繼續經營餐廳。美虹廚房創立於二〇〇九年，是在穀東俱樂部轉型為由賴青松自主經營之初，她開始在家做豆腐乳，為了在市集擺攤販售自家產品，創設了這個品牌。二〇一七年一月，美虹廚房餐廳正式開張。朱美虹曾經公開表示，開設餐廳並非她的初衷，而是為了支持賴青松及穀東俱樂部的轉型。

經營穀東俱樂部十多年的賴青松，明顯感受到穀東們訂購稻米的動能快速消退。背後的原因所在多有，包括許多穀東陸續邁入空巢期，家裡開伙的機率降低許多。面對舊穀東逐漸老化，年輕世代的消費族群又習慣外食，賴青松心中興起「你不在家裡煮，那麼換我煮給你吃」的念頭，決定開餐廳來直接面對消費者。

這個由小農開設的餐廳，與一般餐廳不一樣的是，它的料理既家常又創新；朱美虹也能親自為食客解說食材的來源、料理的方式，甚至是深溝的故事，讓客人既可以安心食用，也能透過飲食，感受深溝小農的獨特文化氛圍。此外，開設美虹廚房還有另一個原因，賴青松經常接待穀東與朋友，為了款待這些舊雨新知，直接開一家餐廳，比起在家裡開伙，或許是更好的選擇。

在貓小姐食堂原有的經營基礎上，美虹廚房決定加碼，更上一層樓。賴青松與朱美虹特別拜託擅長空間改造的蟻又丹，花了五個月的時間，把這個空間徹底改造了一番，成為一個具有日式風格的餐廳。美虹廚房開幕後，雖然每週只營業三天，但因為有了更舒適又具特色的用餐環境，以及賴青松想方設法地把客人帶來店裡消費，經營上自然是更加穩定。直到二〇一九年六月，在兩個子孩漸次成長離家之後，朱美虹也選擇放下這家餐廳，去追尋自己下一階段的夢想。原有的空間則交給下一棒「一簞食」經營。

一簞食

一簞食原來是一家位於宜蘭市區，在同好間已頗具知名度，但規模不大的純素食餐廳。經營者李哲維與黃子瑄夫妻，與深溝新農社群經常往來，新農們不僅是餐廳的消費者，也是食材及產品的供應者。二〇一八年底，在市區經營了三年半的一簞食因故暫時歇業，卻意外打開了另外一扇門：朱美虹決定邀請他們回到深溝村繼續經營。原來，李哲維是土生土長的深溝在地人，他的阿公就是倆佰甲所租用的舊礙米廠的創辦人。回到深溝村繼續經營一簞食，彷彿是老天早已特意寫好的劇本，由第三代返鄉經營與米相關的新型態服務業，令人十分感動。

二〇一九年營業至今，一簞食的表現確實可圈可點。或許因為李哲維與黃子瑄本來就是經營餐廳、直接面對市場挑戰的業者，因此他們更能貼近消費者的需求，提供更細緻的商業服務。而透過一簞食的經營與表現，我們逐漸意識到，與專業的服務業人才攜手合作，新農社群才更可能發展出立足農村，永續經營的理想餐飲業模式。

有趣的是，原來只是餐廳經營者的李哲維，兩年後，也開始種起自己的第一塊水田。如此一來，不僅一簞食可以使用自己的米料理；更重要的是，李哲維夫妻也正式以半X半農，更為貼近農村的生活方式，讓餐廳的經營更接地氣。這應就是半農半X與半X半農協力合作的一種模式。至今，一簞食仍持續在深溝街上為大家服務。

門咖口

二〇一六年二月，深溝村第一家背包客棧「門咖口」，正式在網路上張貼出他們的服務內容。門咖口是由倆佰甲的新農夥伴劉恆溫與林惠徵夫妻經營的背包客棧，提供到深溝村訪友、幫農，或是單純想進一步了解深溝小農社群的訪客，最基本與簡單的住宿服務。劉恆溫也會與其他小農合作，在客棧辦社群活動，或是提供場地給新農們聚會。

月光莊・宜蘭

門咖口後來的發展很有趣。二〇一六年底，劉恆溫的幾位日本朋友來深溝遊玩，他們在日本經營小有名氣的背包客棧「月光莊」。而劉恆溫會成立背包客棧，也是因為他曾造訪日本的月光莊，嚮往那種自由自在的經營氛圍，並因此結識了其中兩家的經營者。那年，這兩位經營者想來台展店，以到台灣各地辦小型演唱會的方式尋找可能的地點。當他們來到深溝時，深受新農們的歡迎，大家共同度過一個又唱又跳的夜晚。或許就是受到如此氛圍的感動，他們決定與門咖口合作，在深溝開設月光莊的海外據點。於是門咖口正式改名為「月光莊・宜蘭」。日本「月光莊・沖繩」與「月光莊・京都」的兩位老闆，親自帶著資金飛來宜蘭，動手改造既有空間。原本平凡無奇的透天厝，變身為具有日本風情的背包客棧。

門咖口轉型為「月光莊・宜蘭」，加上由日本派駐的管理者，還賣起日本沖繩特色拉麵，一時間，深溝瀰漫著一股濃濃的日本味，不僅吸引不少愛好日本文化的訪客，也成為深溝新農學習日本飲食文化的場域。

二〇二〇年十二月十五日，「月光莊・宜蘭」正式由齋藤典子接手經營。她原本即是「月光莊・沖繩」的成員之一，過去幾年由於協助「月光莊・宜蘭」的管理工作，數次往返於沖繩及宜蘭之間，最終她發現自己更喜歡台灣鄉村的生活，而決定落腳在深溝，也持續為來訪深溝的國內外訪客，提供另類的住宿及餐飲服務。

五、對地方既得利益的衝擊

新農社群來勢洶洶，在深溝村快速形成，沒有人知道接下去會如何發展，有時不得不面對地方的反彈，那是一種源自產業結構性變遷必然遭遇的衝突。

在百花齊放的社會創新帶來新經濟動能的同時，無法迴避的是，我們在深溝的所作所為，對於地方傳統農村的各種既得利益造成的衝擊。其中最為關鍵的利益衝突，主要表現在農地的價值上，其中又以農地的租金及用途，成為雙方爭議的焦點。

二〇一四年底，新農社群開始感受到一股反彈的聲浪。原來新農們進場租用農地的行情，明顯高於傳統在地代耕業者的租金水準，引發這些業者們的反彈及不滿。過去十多年來，賴青松一直以等同休耕補助，每分地一期作三千六百元的價格，才得以承租到田地。不過賴青松始終只維持五至七甲的耕作面積，並未特別引起在地代耕業者的注意。然而，當政府的休耕政策轉向，地主們開始將手上的休耕農地交付給賴青松；而倆佰甲又在短短一年內，協助二十幾位新農夫進場，在地的代耕業者很自然地提高警覺，擔憂老農地主們會接二連三轉向新農社群，造成骨牌效應，危及自身的生存基礎。

實際上，二〇一五年之後，新農社群在深溝村的擴張就趨於緩和，與地方代耕業者在田地的競爭上，並沒有想像中嚴重。只不過當時新農社群來勢洶洶，短時間內在深溝村快速形成，沒有人知道接下去會如何發展，我們因此不得不面對代耕業者的反彈。然而，當時無法找到化解衝突的有效方式，即使到了現在，我還是覺得那是一種源自產業結構性變遷必然遭遇的衝突，雙方之間並不存在太大的妥協空間。

現在回想起來，雖然還沒有直接有效的解決方案，但我們做了兩件事，間接地化解了衝突。第一件事，是從二〇一五年的春耕之後，以賴青松為首的新農社群，開始舉行「聯合拜田頭」的儀式，地點就在村裡的主廟三官宮。第二件事，就是順著梨山阿寶帶領宜蘭新農社群推動的「農地農用運動」所掀起的勢頭，我在二〇一四年底受到連任縣長林聰賢邀請，以小農身分出任宜蘭縣政府農業處處長，面對宜蘭豪華農舍泛濫的問題。

聯合拜田頭

新農群聚在三官宮舉行拜田頭的儀式，是由賴青松與三官宮的主任委員陳榮昌共同發起。發起這個敬拜儀式的緣由，並非兩人討論謀劃的結果，而是因為在二〇一五年的春耕前夕，他們內心對於新農社群在深溝村的發展，各自面對了截然不同的焦慮與不安。

二〇一五年插秧後不久的某個夜裡，賴青松巡田時不慎從田埂跌落溝底，慶幸沒有造成任何外傷，算是虛驚一場。然而他對於這個意外頗為掛心，因為只要再稍微偏差一點，可能就會受到嚴重的傷害。而相同的時期，幾位新農也遇到人身安全的問題，有人在鄉間道路發生嚴重車禍，有人在田裡使用小型耕耘機時不慎壓傷腳等等。

當然，我們可以合理解釋，當大量新農夫快速湧入一個傳統農村，置身還不熟悉的新環境之中，再加上夢想成真帶來的興奮感，出現類似的意外，並非無法理解。但賴青松已經扎根在地超過十年，面對眼前這群新農帶來的異樣的農村風貌，心底確實有著隱隱的不安，不知道這樣的發展究竟是好是壞？因此，他懷著忐忑的心情請教向來信任的陳榮昌。

沒想到兩人相見，賴青松還不及開口，陳榮昌就先道出了心中的不安。陳榮昌是三官宮連續數任的老主委，不僅廣受深溝村村民的愛戴，也是賴青松來此從事友善耕作，第一個願意公開支持的在地人。看在陳榮昌的眼裡，短期間內湧進這麼多的外地新農，確實為深溝村帶來了全新的氣象；但是在他的內心，也直覺地感受到這股力量帶來的隱憂。他一開口就告訴賴青松，這群新農來了之後，看來並沒有依照傳統習俗，在春耕之前敬拜田邊的土地公及好兄弟。少了這個敬天謝地的儀式，守護農田的土地公並不認識這些新來的農夫，因此也找不到可以供養祂們、給與保佑的接棒人。

賴青松所看到現實世界的不安，以及陳榮昌所感受到來自無形世界的隱憂，讓他們很快就有了共識，決定邀集新農們，一起到三官宮舉辦聯合拜田頭的儀式，以安定有形與無形世界的秩序。**這樣的儀式，不唯有助於安定初來乍到深溝村的新農的不安與躁動，同時，也意謂著新農社群開始認識並學習尊重在地的民俗信仰。根據我個人的事後孔明，這樣的集體行動，其實也有助於取得村民們的進一步認同，而不至於讓在地代耕業者與新農社群，因地租問題而產生的緊張持續擴大。**

出任宜蘭縣政府農業處處長

二〇一四年，半農半X生活者在深溝村的群聚效應，快速地吸引了大量媒體的關注，也隱隱地形成了一股無法忽視的政治力量。隨著宜蘭「農地農用運動」的加溫，一些新農開始集結，要求政府正視農地應該農用，不能放任良田上長出一幢又一幢的豪華別墅。其後縣長選舉順利落幕，贏得連任的林聰賢，來到深溝村，邀請小農擔任宜蘭縣政府農業處處長的職位，試著為宜蘭豪華農舍的市場炒作熱潮踩剎車。

二〇一五年，我因此出任農業處處長，與幾位縣政府的一級主管並肩站在第一線，面對來自各方的挑戰與壓力。無論過程如何曲折，在大家的共同努力之下，豪宅農舍的市場炒作風氣總算暫時壓制下來。自己大半生從事區域及農村政策規劃工作，卻在投身半農半X的人生下半場，因緣際會成為主導農村政策的當事者，完全是始料未及的發展，也令人不得不佩服半X所蘊含的無限可能性。

出任農業處處長之後，還有另一個意外的收穫，那就是我因此成為宜蘭縣農業政策的主管者。因為許多的政策補助，雖然大多由中央政府的農業委員會主導，但具體如何實施還是要透過地方政府的農業處。或許就是因為有了這層新的關係，即使我在農業處處長位置只有一年左右，深溝在地的代耕業者們可能還是有所顧慮，對於新農社群意外拉抬地租行情這件事，後來似乎也就不再有意見了。

六、小農越多，米越賣不出去？

政府提出政策補助友善耕作這件事，狠狠地推了深溝新農一把，逼迫我們必須更認真地思考，下一步到底是什麼？

二〇一六年，隨著新農持續湧入，深溝村的新農社群之中，開始有夥伴覺得稻米的銷售壓力越來越大，有人甚至在社群媒體上公開發聲。這些意見可以歸納為一個基本的邏輯：「因為小農越來越多，吃飯的人越來越少，所以米越來越難賣了。」這個論述在邏輯推演上，其實不夠嚴謹，但是，深溝新農普遍感受到稻米銷售日益困難，的確是一個不爭的事實。不過，綜觀深溝新農在稻米銷售上的困境，身處不同位置的新農，各自存在著不同的原因。

銷售困境各自不同

首先感受最深的，應該就是作為引進新農源頭的賴青松。對他而言，明擺在眼前的現實是，包括我在內的許多後進新農，原來都是穀東俱樂部的穀東，如今，這些人不僅不需要訂購青松米，甚至還在同一個村子裡種田、賣米，這在某個程度上，勢必會影響青松米的銷售。其次，由於穀東俱樂部運作已經超過十年，許多老穀東因為孩子長大離家，家裡開伙的機會確實減少了。而最尷尬的一點是，當初那個年輕農夫賴青松，而今已是坐四望五的年紀，他與正值育兒時期、在家開伙煮飯的年輕夫妻之間，多少有些溝通上的世代落差。面對這個經營危機，賴青松所採取的行動，即是在村裡經營餐廳，也就是美虹廚房，嘗試另闢蹊徑以開拓新的市場。

至於入行不久的新農，之所以感受到稻米銷售的壓力，應該另有原因。首先，絕大部分的新農夫，無法完全仿照穀東俱樂部的經營模式，例如持續發送農作通訊，積極在媒體發聲，或是舉辦每年的三節活動等等，去強化購買者的認同感與黏著度，並藉此擴展新的消費群。其次，不少新農夫的年紀尚輕，缺乏足夠的人際網絡關係來銷售稻米，這是一個難以突破的現實。最後，則是因為務農的資歷尚淺，產銷之間尚未達到平衡的狀態。

簡單來說，新手務農的第一年，通常會因為缺乏經驗而趨於保守，只種植很小的面積。然而，第一年卻是親朋好友支持度最高的一年，因此新米往往很快銷售一空，許多人因而信心大增，在第二年大幅增加耕作面積，卻開始面臨滯銷的困境。部分性格謹慎的人，會在第三年減少耕種面積，試圖在產銷之間找到平衡點。但還是有許多新農不願放棄，會繼續維持過量生產的態勢。

打零工創造收入

當時，面對這樣的處境，我開始意識到，無論是塩見直紀倡議的半農半X生活，或是正在台灣社會興起的斜槓人生，可能會是我們在農村生存的一個解方。

來到農村雖然是以半農半X為起點，但是要真正擁有一個滿意的生活狀態與工作安排，幸運的話，須有三到五年的嘗試與適應期。在這期間，許多夥伴會尋找各式各樣的工作機會。就我個人來說，除了種植一期稻米之外，也開始接觸各類農業相關的工作，即使是打零工也沒有問題。我認為只要能在農村生存下來，就有機會維持並享受我想要的農村生活。

我曾經在社群媒體上公開倡議，新農夥伴們應該想辦法在農村打零工以創造收入。結果這個意見引發了一些爭議，有些關心農村運動的朋友公開批判，這跟資本家要求勞工接受低薪多工的邏輯如出一轍。但我覺得兩者在根本上有很大的不同。新農選擇進入農村，就是希望在生活及經濟上取得自主性，去打什麼工也是自己的選擇，至於能不能在農村存活下來，就看自己的本事。活不下來就回都市上班，其實也很簡單，沒有人強迫我們留在農村。

我們的情況與接受資本家聘僱的勞工處境大不相同，勞工置身於主流社會的體制之中，很難逃脫，以至於專職工作薪資過低時，為了增加收入，只能再從事兼職工作。批評者以主流社會工作必須專職的舊思維，預設了務農必須是全職工作，因此，當發生務農收入無法養活自己的情形時，就會覺得農業政策有問題，是政策必須調整，而不該主張在農村打零工。這是一個從主流社會體制看向農村而產生所謂專職農夫的假想。**長久以來，因農業生產的季節特性，本來就存在農忙與農閒的生活節奏。農夫在農閒時兼職本就是常態，也就是所謂的兼業農。以農村有限的人口規模，不可能支持那麼多各行各業的專職工作者，能在農村生活的人，都必須是擁有多元工作技能的。**

政策補助友善耕作

無論如何，面對這批新農公開喊苦，政府的確做出了積極的回應。二〇一七年底，農委會正式將友善耕作列入政府政策補助的對象。根據農委會的「有機及友善環境耕作補貼要點」，農民只要從事友善耕作，每年最低可以領到每甲地三萬元的生態補貼。這對於苦於滯銷的新農們來說，表面上的確可以救急，然而，我與賴青松很快便意識到，這個政策一旦啟動，勢必帶動一波友善耕作的規模化量產！許多擁有田地耕作權的農二代，在補助政策的推波助瀾之下，將開始大舉投入友善耕作的領域。

農委會的這個政策，對於台灣推動友善環境的耕作方式，的確能夠發揮推土機般的效應；但是，對於沒有足夠資源的新農來說，在稻米的銷售市場上，勢必將面臨更為嚴峻的競爭。

面對這樣競爭加劇的局面，關注深溝未來發展的小農們意識到，此時只有繼續向前走，在更嚴苛的市場競爭中，試著找到正確的下一步。只是，當時我們都不清楚，究竟前面要面對的是什麼？即使如此，我們都必須摸著石頭過河。換句話說，政府提出政策補助友善耕作這件事，狠狠地推了深溝新農一把，逼迫我們必須更認真地思考，下一步到底是什麼？無論如何，我們終究再一次摸索出屬於自己的出路，從一般的大眾消費市場中，找出小農社群更緊密合作的商業模式。說到這裡，或許還是得感謝政府的德政呢！

小結：面對大眾消費族群的必要

究實而言，倆佰甲這個平台所成就的，是解決了半農半X生活者在農事生產，尤其是水稻耕作上的困境，大幅地降低了歸農的門檻，讓大家很容易地取得田地，甚至還有機會依個人喜好進行選擇。同時，也協助新農避開傳統代耕系統的箝制，建立了符合友善耕作邏輯的代工系統，讓每個人都可以順利生產出自己理想中的稻米。至於在農產品的銷售方面，倆佰甲始終維持著自立更生、自謀出路的原則。

而當每個人都必須努力銷售自家農產品的情況下，新農社群內部勢必會面臨一定的焦慮及張力。雖然，每個新農都有各自的親友支持圈，但這部分往往只能帶來基本收入，並不足以真正養活一家人。因此，當每個人都需要進一步擴大自己的消費群體時，面對有限的通路、在地空間資源，以及社群媒體行銷能量的落差，必然在新農社群內部產生緊張關係。這種內部壓力迫使許多新農必須向外再走一步，去面對更廣大的一般大眾消費市場。一方面這可以增加更多的收入，另一方面也可以服務更多的消費大眾。

然而，要打開市場，顯然不是我們這群半農半X生活者可以獨立達成的。這時就需要藉助熟悉大眾消費市場，同時又認同農村、喜愛農村生活的專業人才，也就是本書一開始所提到的「半X半農生活者」，兩者共同合作，才可能建立有效的商業模式，把通往一般大眾消費市場的路打開。下一章談到的「慢島生活公司」，就是一個能夠促成這類合作、孕育有效商業模式的平台。

第五章

想像慢島生活圈

一、打造慢島生活平台

慢島生活公司是深溝新農社群在經濟發展上重要的驅動引擎，基本性格與穀東俱樂部及倆佰甲並無二致，最大差異是必須優先考慮盈利。

二〇一八年，我們正式以「慢島生活」之名，開啟了新農夥伴們之間的實質合作關係。這一步的確很不容易，因為在過去幾年的經驗裡，新農之間的合作關係，很少超過一年以上。但是在這些年的嘗試裡，我們已經認知到單打獨鬥的極限。為了打開新局，走出一條新的道路，新農之間的合作似乎是無可避免的選擇。

且戰且走的整修空間

而這個合作關係的啟動，正是由新農社群中走在最前面的賴青松所發起。二〇一八年五月的某一天，科技農夫陳幸延談到自己一直在進行的友善耕作知識平台，我意識到，這終究需要觸及銷售端的工作。這個意外發現引發我進一步的興趣與想像，或許在村裡另外開一家店，來銷售友善小農們的在地農產品，會是一個好主意。我跟賴青松提出這個想法，沒想到他當場表示贊同，而且願意加入。賴青松的積極回應讓我有些意外，畢竟這只是一個臨時起意的初步想法。但於今回顧，他當時已經面臨穀東俱樂部的轉型壓力，跟值得信任的人合作開店，不失為一項值得冒險的投資。

我們後來又找上接手負責倆佰甲的曾文昌，我還清楚記得當天雙方的對話。當我向曾文昌提出合作的邀約，他似乎只思考兩秒鐘便答應了。他爽快的回應讓我一時反應不過來，半信半疑地追問：「這可是要拿錢出來投資的！」結果他的反應更直接：「需要很多錢嗎？」我便不再追問了。之後我談及此事，為何當時他未多做考慮，便接受了這個提案？他表示自己對於商業經營不特別感興趣，但是如果有機會跟值得信任的朋友合作，他願意藉機會體驗一下。

就這樣誤打誤撞，我們三人決定共同出資，整理一處位於深溝街上、室外荒草蔓蔓的閒置老屋。一般人花錢整理空間，至少會先確定未來的用途，畢竟裝修需要花費一筆不小的數字。但是老實承認，當時我們完全不清楚這幢老屋未來的用途，只能一邊花錢整理，一邊想像空間經營的可能性。當時先在老屋四周修建了遮雨棚，再鋪整了棚下的水泥地面，第一筆資金就耗費殆盡。同時在賴青松的主導下，我們委託住在村裡的設計師林子偉，完成了室內一、二樓的空間設計，此時我們終於要面對一個歷史性的時刻：如果要完成設計師所規劃的空間，我們需要投入比第一次更多的錢。

莫講輸贏的放手一搏

當時為了二次集資，我們三個人加上朱美虹，一起在我家開會。現場的氣氛有點凝重，因為對我們來說，確實是不小的數目，而且整修這個空間，究竟是要經營什麼樣的事業，沒有人知道。當我聽到需要增資的時候，當下不知道該作何反應，只好開口問賴青松，他有什麼感覺？他的回答很妙，他說沒有什麼感覺，因為之前開辦美虹廚房時，已經投入了不少成本，至今還不知道何時才能賺回來。

眼看三位男士已經討論不下去，朱美虹不知怎麼地神來一筆，說出一段至今令人難忘的話：「如果你們不願意繼續投入的話，事情也就到此為止。」也就是說，深溝的新農社群已經面臨成長停滯，甚至內部互相擠壓的僵局，如果我們不想停留在現況，即使不清楚投注資金會有什麼效果，還是要勇敢向前行。心中頓時響起謝銘祐的歌〈路〉，其中有一句歌詞：「毋敢向前莫來講輸贏。」看來，如果想知道新農社群在深溝村究竟可以走出什麼局面，就只能放手一搏了。

慢島生活基地的整修經驗，為深溝村新農社群下一個階段的合作方式，奠定了基調。**由於是一群人一起摸索前進，需要彼此高度信任，不相互計較。而促成夥伴能夠結合在一起的最核心價值，就是持續打造這一條路，在經濟上找出更理想的商業模式，讓嚮往田園生活的人可以更容易地接近農村、走進農村**。至於運作的方式，既然要對接大眾市場，就要以一般消費者熟悉且習慣的商業模式經營，簡單地說，就是成立一家公司。

慢島生活有限公司開張

很幸運地，二〇一九年三月初，隨著基地空間整修完畢，我們找到五位宜蘭在地的年輕人，一起開辦「慢島生活有限公司」。這五位年輕人年齡大約在三十到四十歲之間，平時即關心宜蘭的公共事務。前一年，我與他們共同參與了一場宜蘭的地方選舉，建立了基本的默契，選舉結束之後，慢島生活的基地接近完成，正需要有人共同經營。因此，在首位執行長宋若甄的召集與提議下，我們共同成立了這家公司。

綜觀慢島生活幾位共同創辦人，多少都具備關心社會公共事務的性格；實務上，則傾向採用商業經營的方式，藉此進行社會倡議並影響消費者。以現在流行的話語來說，慢島生活有限公司確實可被歸類為社會企業之列。

無論這些共同創辦人各自有什麼樣的社會理想，公司一旦進入籌備階段，我們立即要面臨的，就是在商業經營目標上達成共識。然而，這幾乎是不可能的任務，在倆佰甲的第一年，我已經遭遇類似的挑戰。一群很有理想的人要在目標上達成共識是非常困難的。雖然我與賴青松、曾文昌，在年輕股東們的建議下，掌握了公司過半的股權，可以主導公司的運作方向，同時，年輕股東們也非常尊重我們的意見，但是，在網路普及的新時代，對於新可能的摸索，很殘酷的，年輕人的直覺怎麼都強過我們這些成長於工業時代的年長者。更何況，在商業經營上，這些年輕股東也比我們更擅長。因此，為了讓公司運作順暢，必然要降低股東間的溝通成本。

在股東們的同意下，慢島生活採取了一個特別的，「自己說的自己做」運作方式。這樣的做法源自於倆佰甲的基本運作模式，是因應一群具有強烈自我主張的人們，如何可能共事的可行方法。反過來說，在這個模式裡，不存在由上而下，「我說你做」的關係。為了要讓這樣的運作模式可以存在，公司裡沒有人支領固定的薪水，連必然要承擔基本行政管理事務的執行長也一樣。甚至在公司順利運作兩年多後，負責人賴青松曾經提議，因為執行長宋若甄做得很好，應該要支領薪水了，結果遭到她的婉拒。理由也很簡單，不領薪水就可以保有選擇工作的自主性，可以對來自股東們的提議、但自己不喜歡的工作說「不！」

此外，在實際業務上，慢島生活公司採取了以「專案」為基礎（project-based）的運作制度。基本上，公司所支持的每個專案，都必須自負盈虧，也允許招募各自的投資者與實際的參與者，就如同慢島生活公司主要架構之下，暫時存在一個子公司。專案制度的好處在於，可以彈性地因應外部多元化業務需求；另一方面，又可以接受公司主體既有的股東與方針限制。當然，對於股東而言，既可以最早掌握專案的資訊，又具有優先投資與參與專案的優勢，而若本身對於某些專案不感興趣，也可以保持旁觀者的角色，不必因為股東會議的共同決策，而被迫承擔這些專案的成敗。

以盈利為基礎的孕育專案

由於是以專案作業為基礎，慢島生活更像是一個孕育專案的平台。這些專案可以是股東之間的協力，也可以是股東以公司名義與外部機構或政府單位的合作，抑或是與其他公司之間的結盟，開放而且具有彈性。也因此，慢島生活才得以在股東之間不必有明確共識的情況下，陸續展開業務項目。當然，這些專案的啟動，都必須得到公司股東會議或執行長的同意，或是至少沒有股東表示反對。因此，慢島生活的運作，比較接近一個經營平台，而不定時召開的股東會議，大抵就像是一個腦力激盪、不斷發想，或是將個別股東的想法轉化為具體專案的創意平台。

由於慢島生活的成立，主要以深溝的新農群聚為基礎，因此，公司所形構的育成平台，也可以彈性且開放地結合這個群聚既有的創新能量，一方面強化這個育成平台的運作；另方面，新農也可以是這個平台要育成的對象。換句話說，慢島生活是深溝新農社群在經濟發展上重要的驅動引擎。

作為一個協助都市人親近農村生活的開放平台，慢島生活的基本性格與穀東俱樂部及倆佰甲，並無二致。不過很明顯的，與前兩者之間最大的差異，就是在經營上必須優先考慮盈利。現在回顧，運作已屆三年的慢島平台，似乎可以為深溝新農打通進入一般消費市場的通路，找出有效的商業模式；同時，也在盈利的前提下，更開放也更持續而有效地，協助嚮往農村生活的都市人進入農村。

二、逐步摸索商業模式

慢島生活公司在年輕股東的帶動之下，嘗試了各種形式的商業操作；讓我們大膽走出舊有經營模式，啟動朝向專業分工、商業化的轉型工作。

慢島生活能夠明確地以商業經營方式，介入新農社群在深溝村的發展，除了緣於我、賴青松與曾文昌，還有幾位年輕股東，包括宋若甄、李沅達、林世傑、林鴻文與黃建圖。與我們三個在深溝種田的新農不同，這些年輕夥伴在加入慢島生活之前，都已經在宜蘭各地積極經營著各自的公司，腳踏實地的落實自己對於宜蘭地方發展的夢想。參與慢島生活的創立，對這些年輕股東來說並不是新鮮事。事實上，是因為他們願意跟我們三位農夫合作，主動提議創辦公司，才有慢島生活的誕生。

這三年來，我一直有個深切的感受，是這群年輕夥伴在教導我們三人，如何以商業經營的方式，落實對於公共事務的理想。再者，第一任與第三任執行長宋若甄之前就在深溝種田，第二任執行長李沅達，則是在公司成立之際，也來到深溝種田，這應是新農社群與慢島生活之間一個重要的連結。

建立公司組織架構

也由於慢島生活成立之初，沒有具體明確的經營方向，因此，我們有機會透過各個股東想推動的工作，以專案的方式拓展適合公司發展的營業項目。慢島生活成立後最初的業務，主要是接待各種到深溝村參訪的團體，以及與台北的旅行社合作。例如：與矢志打造永續旅遊的「島內散步」旅行社，共同執行食農小旅行計畫；「慢島選物」是集合各種加工農產品與文創產品的銷售平台，與宜蘭在地的休閒農場，例如「斑比山丘」，以及其他品牌場域合作展售。同時，我們也嘗試與坪林的「山不枯製茶所」合作，結合他們的茶與我們的米，共同開發茶米果。雖然這些嘗試尚未為公司找到明確定位，但我們卻經由箇中過程，學習與習慣商業化的經營方式。

慢島第一任執行長宋若甄是羅東人，專業背景是國際貿易。她除了有條不紊地處理公司業務，也詳實地把經營公司的繁瑣商業事務，帶到我們的眼前。包括：如何成立一家公司、怎麼設立發展目標、如何進行專案的財務規劃、看懂財務報表等等，以及在累積多項專案經驗後，進一步開拓未來可能經營的方向及項目。這些都是經營公司的ＡＢＣ，可是對於長年踩在水田裡的新農來說，是一個全新的領域。從今日來看，在農村裡成立公司，以公司的型態立場對接外部市場時，許多流程因此變得簡單許多。至少，可以開立發票，與其他公司洽談合作時，也很清楚雙方的權利義務關係。

二〇二〇年是慢島生活經營的第二年。這一年面臨新冠肺炎疫情的衝擊，公司的業務量大幅減少。同時，由於宋若甄懷孕生產，所以由李沅達接任執行長。李沅達是宜蘭女婿，專業背景是工業設計，擅長從事專案管理。雖然這一年業務量減少，但他也因此有餘裕帶著我們討論公司的願景，同時逐步發展應有的執行組織架構，以及商業操作上的策略。

多元開拓經營項目

黃建圖是由龜山島移居宜蘭大溪的第二代，自己經營一家網路電商，並以「海波浪」品牌，推廣親近海洋的生活理念。透過海波浪，黃建圖除了販售關於海洋的各種文創產品，同時倡議龜山島民被迫遷離龜山島的轉型正義問題。慢島生活曾經與海波浪合作，一起在宜蘭中興文創園區舉辦論壇，以及在龜山島人移居的大溪漁港地區，合作舉辦快閃料理的創意活動。此外，慢島生活也曾在黃建圖的規劃下，爭取政府的補助計畫案。

林世傑與林鴻文都擅長於地方文史，曾經在宜蘭市與羅東鎮合作經營「旅人書店」。林世傑也曾經在宜蘭舊城區的碧霞街，以旅人書店為基地，成功帶動街區的商業復興。二〇二一年，他們與慢島生活合作推出「慢島旅人」小旅行專案。這個專案是為了讓一般消費者得以親近宜蘭的農漁村生活，共有三條路線，分別為深溝、礁溪與大溪（龜山島）。

成立後的前兩年，慢島生活在這群年輕股東的帶動之下，嘗試了各種形式的商業操作；同時很可貴地，在經營面向上，進一步擴散到蘭陽平原多個角落，開拓了農業經營的視野與範疇。這些可貴的經驗，讓我們更加大膽地走出舊有的經營模式，啟動一連串朝向專業分工、商業化的轉型工作。第三到第四年，公司在農村移民的核心業務上開始有了重大突破，這些突破包括「慢島學堂」與「共享住宅」（share house）兩項專案。也因此，促成穀東俱樂部朝向3.0版，也就是企業化專業分工前進。

三、從倆佰甲到慢島學堂

慢島學堂是學員們走進深溝，躋身新農社群的路徑；其實也是他們評估自己是否適合農村、是否想跟老師們成為生活夥伴的過程。

「慢島學堂」是倆佰甲新農育成平台更強化服務品質的商業化版本。

倆佰甲完成階段性任務

回首思量，倆佰甲新農育成平台的轉型，早在二〇一七年的春耕之後就開始了。

從二〇一三到二〇一七年的這五年裡，倆佰甲的新農育成服務都是志願性質，從農地租用到代耕資源的媒合皆然。這個志願性服務的展開極為自然，因為提供服務者也覺得自身有機會從中獲益。例如：賴青松協助新農代租土地，也是希望身邊集合更多歸農夥伴，如此一來，可能比較容易找到幫農的人手；我願意媒介代耕業者，是期望降低新農從事農耕的門檻，進而帶動農村的發展；而先進場的新農願意協助後來者，通常也有各自不同的理由，或者基於服務他人的熱情。

然而隨著時間推移，這些支持志願性服務的原因逐漸淡化、消失，直到二〇一七年的春耕，已可明顯地感受到，倆佰甲這個平台經過五年的積累，已然形成某種封閉的狀態，無法有效地為新進場的農夫提供服務。再加上某一次很單純的意見不合，成了倆佰甲轉型的導火線，導致我做出兩個決定：第一，公開宣布倆佰甲不再接受新農夫申請加入，請有意願進場歸農的朋友，先去參加宜蘭社區大學開設的「夢想新農班」；同時，將倆佰甲新農育成平台的負責人職位，交接給長期以來始終默默在旁協助平台運作的曾文昌。

夢想新農班持續帶進新農

宜蘭社區大學的夢想新農班開始於二〇一三年的九月，是由宜蘭縣政府與企業捐助經費成立。最初的課程規劃，主要是由賴青松與我及其他有經驗的農友幫忙完成。當時，基於各級農業單位已經提供多元化的農耕課程，因此這個新農班的主要目標，在於協助有心人真正進入宜蘭農村耕作。授課的師資，有不少是已經在宜蘭耕種多時，並且有意願接納新進的實作農夫。在我的認知裡，夢想新農班是有系統教學的倆佰甲，許多一起上課的同學，後來都成為合作種田的夥伴。夢想新農班也的確為宜蘭的農村，帶進了不少新進場的農夫。只是很可惜的，二〇一九年年底，宜蘭縣政府決定中止這項新農育成計畫。

至於原來的倆佰甲，雖然公開宣布不再接受新農夫加入，但是，每年仍然持續有零星的新農夫，循著各自的人脈找上我們，加入深溝新農社群的行列。然而歷經二〇一八、二〇一九這兩年的經驗，我們赫然發覺到，少了同儕之間的相互陪伴與協力，更缺乏同甘共苦一起走過的回憶，這對第一年上路的新農來說是莫大的損失。

慢島學堂是更細緻的陪伴系統

二〇一九年九月底，當我知道夢想新農班即將畫上句點時，立即與曾文昌商量，評估慢島生活是否有機會以民間商業經營的型態，接續辦理具有類似功能的「慢島學堂」。

這是一項很困難的挑戰，因為夢想新農班在政府與企業的經費支持下，上課幾乎是免費的。因此，想開辦一個由學員自行負擔所有辦學成本的農夫班，可以說是異想天開。但我們並沒有放棄，而是依照夢想新農班的課程內容規劃，上午種田，下午由不同講師負責室內或參訪課程。再加上某些理想化的內容，例如與里山部落或沿海漁村相關的生產／生活體驗，我們至少需要招收二十五位學員以上，而每位學員的學費高達三萬五千元，才能夠達到損益兩平。如此高規格的企劃，再加上宣傳的時間過短，只有短短一個多月，最後又遭逢新冠肺炎疫情擴散的致命打擊，最終報名的人數只有個位數，只好宣告停辦。

二〇二〇年九月，開辦慢島學堂的想法，再度成為慢島生活股東會議的議程。這次是賴青松主動提議，他覺得陪伴系統很重要，深刻感受到需求。賴青松強調，**新手農夫初進場時是最脆弱的，無論是心理上的焦慮，還是體力上的負荷，在沒有任何參考值的情況下，如果第一時間無法處理或克服，很容易就會放棄或撤退。因此有一個可靠的後勤系統，一個可以諮詢的窗口，以及一群相互陪伴的同學，是非常重要的。**

我們決定重新規劃課程內容，目標則是一定要開成。我們改從想要移居農村的生活者角度，重新檢討前一年的學堂內容設計。首先，把學費調降到一般行情，每位學員一期的學費為兩萬兩千元。如此一來，就必須放棄非必要的課程內容，午餐也由學員們自行處理。同時，下午的課程從學員的需求出發，從講師授課改為讀書會形式，讓學員們能盡量提出疑問。更重要的是縮減講師人數，講師因此得以與學員充分互動，進而成為他們日後進入深溝村時可以請益的對象。還將規模調整為小班制，每班只招收八到十二人，以照顧到每位學員的需求。最終，簡單清楚的課程訴求，搭配有醒目照片的懶人包宣傳，成功吸引了目光；加上早鳥優惠的加持，隔月就有九位學員完成報名手續。

二〇二一年慢島學堂春季班的成功啟航，意謂著倆佰甲新農育成平台打開了商業經營的可能性。建立可行的商業模式，協助有心人走進農村大門，才有機會對一般社會大眾打開。懷抱農村夢想的都市人，只需付費，不用倚賴人際關係的連結，也能獲得一個簡單方便的走進農村的管道。換言之，慢島學堂就是學員們走進深溝，躋身新農社群的路徑；而從首屆結業學員口中得知，其實也是他們評估自己是否適合農村生活、是否想跟這些老師們成為生活夥伴的過程。另一方面，有學員的學費支持，學堂因此能提供更為進階且細緻的服務。

從二〇二一年的春季，到二〇二二年的秋季，我們順利開辦了兩屆的水稻班與兩屆的蔬菜班。學員們大多居住在北台灣各地，也有幾位是早先移居宜蘭的朋友。他們來自各行各業，有退休老師、軟體工程師、建築師、影像工作者、不動產業者、化學工程師，或是碩士班學生等；年齡層主要分布於三十到五十歲，女性略多於男性。兩屆水稻班的結業學員，共有十二位留下來加入耕作的行列，正式成為深溝新農社群的夥伴。豐碩成功的學堂興辦成績，不僅讓人振奮不已；同時，因應學員們的臨時居住需求，也促成慢島生活開始發展包租代管的房屋租賃事業——共享住宅。

促成共享住宅「思源居」

協助新進的歸農夥伴們尋找適當的居住空間，一直是我們這群移居先行者需要回應的課題。最初，大抵都由本地出身的朱美虹，自願提供這類協尋租屋的服務。然而經過十多年的春去秋來，她的在地親友可以提供的閒置空間，幾乎都已被新農夥伴租下。之後的新農夫，在此處租屋落地的難度越來越高。儘管，深溝也開始出現一些新建的透天住宅，然而，這類住宅往往單層面積小，三、四層樓的垂直設計，以及缺少半戶外空間，對於需要操持農務的農夫來說，絕非適合的選項。

慢島學堂開辦之後，部分學員們提出，若無法滿足四到六個月的短期租屋需求，即無法順利報名學堂，這對我們無疑是一個新的挑戰。很幸運地，二〇二一年春季，青松找到一幢正在招租的透天厝，決定主動承租下來，並委由慢島生活團隊代為管理，再將其分層轉租給學員或新來的小農。就這樣，慢島生活開始嘗試代管房屋的業務。接著，越來越多潛在的租屋需求浮現，宋若甄意識到，應該正式承接農村房舍包租代管的業務。二〇二二年六月，慢島生活正式以包租代管合法業者的身分，推出第一棟共享住宅「思源居」，開始對外經營體驗鄉居生活的月租型房屋租賃業務。

思源居鄰近深溝水源生態園區，屋主是賴青松熟識的好友。二〇二一年屋主遷居花蓮，有意出租或出售，賴青松得知後，立即代表慢島生活與對方洽談包租代管業務的可能，並且很快地簽下長期的合作契約，積極投入資金，以時下流行的「共享住宅」型態，重新整修這棟開門見田、遠眺龜山的鄉間農舍。

除了以年輕世代喜愛的空間美學重新整修之外，更關鍵的設計，便是一樓的交流空間，包括客廳、餐廳與廚房。在設計概念上，一樓尤其著重於不同空間之間的穿透性與開放性。

目前，思源居有一位不到三十歲的房客進駐，是二〇二二年水稻班最年輕的學員吳玉婷。在台北就讀設計科系碩士班的吳玉婷，報名水稻班的主要目的，是希望為自己的設計專業增添風土的視角及多元的色彩。在水稻班結束之後，她繼續報名秋季的蔬菜班。六月，思源居開始營運時，吳玉婷成為首位入住的房客。她願意持續參與課程，背後有一個重要原因，即因為她的設計專業背景與能力，在水稻班上課期間，被延攬加入慢島生活的專案工作團隊。

慢島生活的運作方式，讓參與其中的成員，都可以靈活地調整自身的立足點，選擇投入自己最擅長的領域。而這個邊際效應，也意外地促成之前所述，深溝村尚深路這條短短不過兩百公尺的街道，有了前述的共享街區面貌。

半農理想國

四、半X半農生活者的啟發

由於他們的投入，才有機會藉由商業化的邏輯與機制，讓深溝新農社群從各唱各調的眾聲喧譁，走向穩定經營的彈性分工網絡。

二〇一九年九月，深溝街上原來由賴青松胞弟賴樹盛承購的一棟透天住宅，因為一家人遷居台北而閒置。這棟意外出現的空屋，對賴青松而言是個難得的好機會，因為他始終認為在深溝這條街上，應該有個地方能讓來訪的人們，好好坐下來喝杯咖啡、點杯紫米茶，細細聆聽這個新農村裡發生的精彩故事。

深溝街上的風土餐廳

就在賴青松遍尋不著有意願進駐深溝的業者之際，老天卻似乎早已超前部署，讓經營「找找私廚」的史法蘭與深溝結下不解之緣。早在二〇一七年的穀東收穫聚上，甫移居宜蘭的史法蘭，便為了著書採訪而造訪賴青松夫婦。她曾經擔任國際4A廣告的副總及企管顧問公司講師，最後依循內心對於天職的渴望，在上海的星級法式餐廳任職習藝，後來回到台北開設「找找私廚」，供應使用本地食材的法義式創意料理。

慢島基地空間整修之初，賴青松亦曾請教史法蘭的意見。基地一樓的中島廚房完成後，史法蘭與朱美虹曾共組「顏素不嚴肅料理讀書會」，每個月以當季盛產的作物為主題開發創意料理。二〇二〇年，兩人還延伸擴大料理讀書會的構想，邀集台灣各地的廚師研發創意料理，最後結集成《蔬食餐桌》（四塊玉文創，二〇二一）一書。因著這般不斷堆疊的緣分，最終促成兩個人決定合資，租下賴樹盛的房子，開設風土餐廳「穗穗念」。

史法蘭具備企業管理背景，並因經營私廚而累積不少粉絲，她與賴青松都認為彼此合作在深溝街上開餐廳，應該有很高的成功機率。史法蘭考量的另一個關鍵要素是，對宜蘭市區的居民而言，只要餐廳環境雅緻，停車便利，開車二十分鐘到深溝吃頓營養美味的餐點，並不是件困難的選擇。就在這般樂觀的評估之下，她與賴青松以不到兩個月的時間籌備，二〇二〇年的十月三十日，正式打開了「穗穗念」的大門。

堅持使用友善小農食材

然而，要找出穗穗念成功的商業模式，史法蘭與賴青松之間，仍有許多想法需要磨合。這個挑戰的核心，就在於友善耕作的小農產品進價問題。許多餐廳不願使用友善小農產品，首要原因就是進貨成本偏高。在賴青松的堅持下，穗穗念食材的進價不可能過度壓低，然而餐點的價位又必須與一般餐廳競爭，不可能設定太高。兩難之下，史法蘭只能盡力在餐點設計以及整體經營上找出可行的方法。這對擁有豐富私廚經驗的她而言，還算不難應付。然而，賴青松缺乏足夠的商業經營意識，卻是史法蘭非常關切的事。她後來想出一個最簡單的因應之道，就是將每天的營運收支即時傳給賴青松，在日常運作中不斷強化他的商業敏感度。

或許有人會質疑，在農村裡開設商業化的餐廳，是否會導致農村生活的氛圍走調？這不是個容易回答的問題，我個人還滿喜歡鄰近街坊有這樣的店家，能夠提供好吃的餐點與舒服的氛圍，再加上兩位老闆的行事作風是我所欣賞的，因此我非常樂見穗穗念在深溝街上永續經營。後來賴青松曾經提出一個觀察，也讓我對這個問題有了不同的思考。十多年來，幫穀東俱樂部送貨的宅配先生，從來沒有訂過青松米，然而卻在穗穗念開張之後，帶著稚齡的孩子走進餐廳，終於品嘗到青松米的滋味。這不是一個頗令人感動，且值得我們深思的現象嗎？

所謂的一般消費者，一直都在我們身邊，只是我們從未特別關注他們的需求。我們往往只專注於自己想要什麼，而不太去理會非同溫層的一般消費者需要什麼。穗穗念開幕後短短幾個月的經驗，忽然讓我意識到，如果新農社群想在經濟上有所突破，那麼在滿足同溫層的需求之外，或許也不妨思考，一般消費者也是我們服務的對象，只是需要以對方熟悉的形式及語言。這些形式及語言其實也是我們所熟悉的，我們也是一般的消費者，許多都市的文化及美學元素，亦是我們所習慣與欣賞的，不是嗎？

至今，挺過兩年疫情的穗穗念仍在深溝街上為大家服務。二〇二一年六月二十九日，台灣新冠肺炎疫情最嚴重的期間，一家販售農產品與加工品的小店「耕善緣」，也在深溝街上開張營業。

能量強大的「耕善緣」

二〇二〇年十月十日，「小間書菜」商店宣布結束實體店面。這件事對我來說的確是一個衝擊。雖然原址轉型為「深溝共同店」，由另外兩位小農合作經營，但顯然經營的能量是有限的。在這個狀況下，我認為深溝街上仍需要一間具有企圖心與能量，可以購買在地農產，同時也能與慢島生活緊密配合的商店。

非常巧合的是，剛來到深溝耕作不久的卡莎（本名陳憶芬）與蝦蝦（本名張秀儀），也正在尋覓適合開店販售農產品的據點。她們本來在台北淡水耕種，也是北投社區大學青菜社的成員。二〇一七年十月為了尋找可以長久經營的農場，遷居員山鄉的枕山地區，離深溝村車程約十分鐘。她們在枕山有八分地，除了種菜，也畜養各種動物，還將貨櫃改裝成居住的空間。

最初我是因為協助整地而與她們結識，看著她們很快地在那八分地上經營出豐富而多元的農場生態，我深刻地感受到這兩個人的合作默契與操作能量，也才大膽邀約她們到慢島基地開店。而在開店的前一年，我們也在深溝協助她們找到六分半的田地種植水稻，有了初步的互動經驗。

「耕善緣」基本上由卡莎負責經營，蝦蝦從事農場的生產。卡莎曾經是台北知名唱片公司的人事主管，擅長與人互動；蝦蝦則是喜愛田間農事的宜蘭人，她有個外甥是南方澳的船長，耕善緣不定期銷售的新鮮魚貨，就是來自這名船長。耕善緣不只販售深溝在地小農的農產品與加工品，也會從各地採購農產品，服務在地的居民。同時，耕善緣也積極利用慢島基地旁的空地，搭蓋飼養蛋雞的雞舍，作為解決生活廚餘及辦理體驗活動的場所。

儘管在疫情最緊繃的時刻開店，一年多來，卡莎與蝦蝦不曾遲疑。相反地，她們幾乎每天開店，穩定而持續地在每週三把產品親送到台北客戶手中。同時，每當慢島生活的活動有需要時，她們也很願意調整營業時間。她們熱情接待訪客的模樣，讓人對她們積極的人生態度留下深刻印象。

半X半農生活者

自慢島生活創辦以來，躍上深溝新農社群舞台的，是一群能夠經營農村服務業的半X半農生活者。**所謂半X半農生活者，指的是熟知都市商業市場邏輯，具備相關知識與服務能力，同時又認同農村價值的人們。他們或許也耕種些許田地，但農耕只是他們與土地、社群連結，從中汲取自己在生活經營上所需在地能量的一個媒介。相對的，半農半X生活者則以務農為主要收入來源，同時透過自己的興趣或專長，為都市消費者提供各種不同的服務。**

半農半X與半X半農的分別，並不特別指某個人的角色就是前者或後者，而是在不同階段或不同領域，一個人可以在兩者之間靈活轉換。慢島生活階段，就是由一群半X半農生活者領軍，與半農半X生活者密切合作的經營型態，為深溝新農社群開展出能夠對接主流消費市場的各種商業模式。

這群半X半農生活者，包括：慢島生活的宋若甄、李沅達、林世傑、林鴻文、黃建圖，一簞食的李哲維與黃子軒，穗穗念的史法蘭、耕善緣的卡莎等。由於他們的投入，才有機會藉由商業化的邏輯與機制，讓深溝新農社群從各唱各調的眾聲喧譁，走向穩定經營的彈性分工網絡。最終，慢島生活的經營成果，也間接地促成了穀東俱樂部的企業化轉型。在這個社群轉型裡最重要的關鍵，就是年屆五旬的賴青松，要從半農半X的穀東俱樂部田間管理員，華麗轉身為半X半農——慢島生活在消費市場中的超級業務員。

五、邁向穀東俱樂部3.0

這次的轉型更為艱難，因為它的意義已經不只是賴青松個人的人生課題，同時也是深溝新農社群如何藉由這個機會摸索出新局面的挑戰。

若將二〇〇四到二〇〇八年視為穀東俱樂部1.0，那是由穀東參與部分經營、類似合作社型態的階段，承擔風險的穀東們是形式上的決策者，賴青松是支領薪水的田間管理員；二〇〇九到二〇二〇年是穀東俱樂部2.0，俱樂部轉型成為支持賴青松家庭農場的消費社群，穀東們成為單純的預購者；那麼，自二〇二一年開始的穀東俱樂部

3.0，則明顯朝向專業分工的企業化經營型態發展，田間管理開始由一個生產團隊負責，賴青松除了維持自己耕作三分地的特殊品種稻作之外，已成為穀東俱樂部實質上的老闆，負責業務開拓與客戶經營。而慢島生活，則是由擔任負責人的賴青松與我們幾位股東合資開設，與穀東俱樂部是完全各自獨立的事業體。

朝向專業分工的合作之路

早在二〇一六年，賴青松即嘗試為穀東俱樂部跨出新的一步。經過半年的籌備以及空間裝修，二〇一七年一月，由朱美虹經營的「美虹廚房」開始在深溝街上營業，這是轉型的首度嘗試，希望為青松米尋找新的出路、接觸新的客戶群。

美虹廚房本身雖然經營得有聲有色，不僅成為青松米的一個銷售通路，也成為接待訪客的場所。但在作為穀東俱樂部的轉型出路上，實質效益終究是有限的。如前所述，美虹廚房在二〇一九年七月，也就是慢島生活正式啟動之際，結束營業。美虹廚房的收場，以及朱美虹也在此時退出穀東俱樂部的生產經營，迫使賴青松必須在穀東俱樂部的轉型上，採取更為大刀闊斧的做法。

二〇二〇年，賴青松獨力面對穀東俱樂部五甲半水稻田的春耕事務，不僅要自己張羅打工人力，也要聯繫代耕業者前來整地、插秧，過去這些工作不少是由朱美虹共同承擔，如今全部落在一個人身上，無疑顯得困難重重。二〇二一年他終於下定決心，要重新調整穀東俱樂部的人力配置，找人來分擔大部分的水稻田間作業。很快地，我與曾文昌便找到另外六位小農夥伴，包括：任永旭、黃郁穎、陳煥中、何金正、黃孝宇與李沅達，組成一個小農共耕團隊，分擔賴青松肩上的田間管理作業。

二〇二二年春耕開始，穀東俱樂部的田間管理團隊，進一步調整為更具生產效率的垂直分工組織。這一季稻作，由我出任田間管理員，生產團隊成員則包括小農羅雅穎與慢島學堂第一屆水稻班畢業學員，包括：李堃滄、黃燕燕、黃敏華、楊銘華等共五人。也可以說，幸好有慢島學堂學員可以承接俱樂部的田間生產工作，這個專業分工轉型才有可能完成。從另一個角度來看，穀東俱樂部也因此間接成為慢島學堂學員畢業後，接觸大規模水稻生產的實習農場。而此一生產團隊已確定持續接手二〇二三年俱樂部的田間管理作業。

不過，即使賴青松卸下生產端的大部分工作，意圖在行銷端找到新的出路，卻依舊面臨許多困難及挑戰。我們經常討論穀東俱樂部行銷端該如何改組，以及找出突破的可能性。我們發想過各式各樣的點子，但顯然都不容易實現。即使賴青松在美虹廚房結束後，再與史法蘭共同出資合作經營「穗穗念」餐廳，對於穀東俱樂部的行銷突破仍然有所侷限。

從美虹廚房、慢島生活到穗穗念的多方嘗試，賴青松終於要面對一個可能的現實，就是穀東俱樂部的發展或許已經走到了它的極限，在自身已經年屆半百之際，長年陪伴他的忠實穀東們，大多數也面臨小孩長大離家，家中很少開伙煮飯的處境。要賴青松去面對二、三十代的年輕族群，正值扶養幼兒必須在家開伙的消費者，確實因為世代間的差異存在而不易對話。

在網路時代起始之初，賴青松能夠成功開辦並經營穀東俱樂部，本身就是一件難能可貴的成就。而今更艱難的現實是，要讓穀東俱樂部在創辦十八年後，能夠持續創新轉型，似乎更是不可能的挑戰。然而，深溝新農社群的發展經驗告訴我們，正是在一次又一次的創新與挫折，以及不斷檢討修正的經驗基礎之上，我們才可能從賴青松與朱美虹單獨一個家庭在深溝打拚，發展到今天群聚共創的局面，最終成為一個在農村共同合作經營公司的半農半X團隊。

穀東俱樂部3.0的轉型仍然持續中。這次的轉型更為艱難，因為它的意義已經不只是賴青松個人的人生課題，同時也是深溝新農社群如何藉由這個機會摸索出新局面的挑戰。

「慢島讀書會」與「無不齊鼓隊」

精神生活層面的經營，一直是深溝新農社群較為欠缺的。二〇一五年春耕的小農集體拜田頭儀式，應該算是開展社群精神生活的濫觴。此儀式已經成為春秋兩季必然舉辦的儀式，也是每年小農夥伴們得以齊聚一堂的僅有機會。慢島生活逐漸步上軌道之後，開始有夥伴利用農暇投入各自喜愛的社群活動，雖然都還處於初步階段。

二〇二〇年十二月，我開始在深溝舉辦兩週一次的「慢島讀書會」，由臺大社會系老師賴曉黎導讀西方哲學經典著作，尼采的《論道德的系譜學》，目前固定成員有四位，其中三位是倆佰甲階段就來到深溝的小農。賴曉黎是我在研究所階段的思想啟蒙老師，他的摯友是穀東俱樂部的長期穀東，因此對於深溝新農社群有一定的認識，也肯定我們提供了另一種生活方式的選擇。

賴曉黎在宜蘭度過童年歲月，太太也是宜蘭在地人，更有退休後定居宜蘭的計畫，因此，他主動提出舉辦讀書會，相互交流，並對社群有所貢獻。隨著讀書會的進行，我越來越明白，賴曉黎是想為深溝新農社群的打造，進行一些思想準備的工作。為了回應讀書會成員的興趣，賴曉黎後來還加開《易經》讀書會，約有十多位成員，主要也都是深溝小農。

某次讀書會，賴曉黎靈光一閃，為讀書會起了名字「無不齋」。「無不齋」用閩南語讀起來，聽起來像是「無不知」，「無」與「不」雙重否定頗有趣，詞意也適合我們這個新農社群。後來便決定用這個名字作為傳統民俗活動的社團名稱。

二〇二二年八月秋收農忙後，我們成立「無不齋鼓隊」社團，從學習傳統廟會陣頭的打鼓開始。辦理這類社團的動機，源於十年前，我在臺灣大學建築與城鄉研究基金會宜蘭工作室工作時，參加了由工作室與大二結文教基金會共同舉辦的「大二結王公藝術研究所」課程。我學習的是台灣北部廟會中經常出現，形象類似南部八家將的官將首，當時的影像，十年來不時地會浮現在我的腦海中。

來到深溝十年，我一直關心網路時代的新農村會長成什麼樣子？我認為，這個新農村除了經濟活動之外，也應該會有精神層面的活動。其中，除了齊聚拜拜之外，村里常見的傳統廟會活動，特別是陣頭，是否也是我們應該理解的？二〇二一年的十一月初，我與賴青松偶然間聊起這個話題，三天之後，當初傳授官將首的老師，「金冠神將會」的林冠廷，居然傳來一則訊息，邀請我參加大二結王公廟的祈冬儀式。故事就此展開，一年之後，在慢島生活的財務支持下，我央請林冠廷的金冠神將會前來深溝指導。

無不齊鼓隊的成員大概七、八位，幾乎都是慢島學堂結業後移居深溝的新農，大部分是女性。這個方才起步的素人社團，還答應參加二〇二二年十一月初大二結王公廟的祈冬儀式，而且無不齊還有三尊三太子粉墨登場正式亮相！

六、走進東亞慢島生活圈

網路全球化的年代，農村社群已具備自主行動的條件，無須再倚賴都市中介。關鍵在於農村是否抓住歷史機遇，為自己帶來黃金年代與截然不同的世界觀。

如何知曉一個農村在網路時代所能觸及的生活範圍，我們在深溝村的經驗，或許是一個值得參考的案例——許多置身網路時代的農村社群，也有類似的發展經驗。這二十年來，曾經到訪深溝村的客人，遍及世界各地。因為透過網路的傳播，只要這個農村有其獨特之處，很輕易就能在廣及全世界的範圍，吸引對其有興趣的訪客。當然，人們在實體空間中的移動，終究還是受到地理遠近的影響。

融合都市與農村的慢生活

慢生活，可說是我們在深溝村共同追求的主要目標。透過半農半X的生活方式——從經濟層面來說，即多元收入的兼業狀態，讓我們拿回生活的自主性，進而能夠依照各自的步調，重新建構自己的日常生活。

我們之所以離開都市，其實只是放棄被都市支配、無法自主的生活方式。在資本主義的社會體制中，人們從小到大，就被教育、訓練成能夠支撐這個體制運作的一個零組件。尤其進入網路時代，海量資訊快速傳遞，這個體制以光速運行，人類的身心狀態其實難以承受，這也是許多人想要逃離這個體制的主要原因。

不過，我們也並非真正地進入深溝農村，因為既有的深溝村，也早已被吸納成為都市體制的一部分。在農業工業化的進程中，就如同台灣大部分的農村一般，深溝村其實就是都市的衛星農業區，是為都市的消費大眾生產糧食的工廠。農地早已重劃為方便大型機械操作的生產線，利用農藥、化肥及除草劑，既可以降低生產成本、提高效率，也為深溝村帶來金錢收入，以及都市體制的所有便利性。

因此，我們這群新農雖然來到深溝村種田，但其中絕大多數人的生活場域，其實是在深溝與都市之間。我們喜歡農村的環境，但是在生活方式上，與原來深溝村的村民，卻始終保持著一定的距離，因為無論在文化或價值觀上，這兩個社群之間其實存在著無法徹底弭合的鴻溝。

我們在日常生活裡，其實頗為倚賴都市所提供的產品內容、文化美學，以及各種服務的便利性。也就是說，在骨子裡，我們這群新農夫其實依然是都市人。在深溝村與都市之間，我們巧妙地保持著兩者間的平衡，也隨著自己個人的喜好，享受兩者所提供的好處。這就是我們的慢生活。

村與村之間的牽繫往來

深溝村新農社群與其他地區之間較為正式的往來，可以溯及二〇一五年十月初，一趟歷時十天的日本九州宮崎縣之行。這個交集緣於宮崎縣產業振興機構的高峰由美企劃的「台灣塾」年度計畫——這是一個促進宮崎縣中小企業與台灣業界相互交流的計畫，一年一期。當時宮崎縣政府預計推動諸多推廣農產品的計畫，高峰由美成功遊說宮崎縣政府，在這之前，先建立彼此往來的友誼，進而催生了台灣塾計畫。

高峰由美以一年的時間，走訪台灣各地，結識超過百位的農友，也曾到宜蘭深溝拜訪賴青松，以及移居深溝的新農們。高峰很認同賴青松的理念與實踐，也驚豔於深溝新農社群的社會創新能量，特別是田文社社長 Over。因此，二〇一五年十月，高峰由美將在宮崎縣呈現她在台灣耕耘的成果時，特別邀請了高雄市的年輕農民，以及深溝新農代表賴青松及 Over，我則是以農業處處長的身分自費前往。

同年十二月，我以農業處處長的身分，促成了宜蘭縣政府在宜蘭大學舉行的「東亞慢島生活圈第一次小論壇」。論壇的主要目的，在於呼應「台灣塾」活動，希望宜蘭縣與台灣鄰近國家的新農業經營者，展開更多的互動。當時除了高峰由美，我們同時邀請了馬來西亞、中國海南省、香港、日本京都等地的新農業經營者及觀察者與會，分享自身的經驗。宜蘭在地的農漁業經營者也受邀與會。

這次活動的迴響十分熱烈，來自台灣各地的兩百多位朋友，擠滿了宜蘭大學的國際演講廳。而深溝的新農夥伴們也全力動員，在場外協助舉辦農民市集，讓來自各地的朋友們對於宜蘭新農業的發展留下深刻的印象。

經過這次論壇，來自中國海南省的陳統奎，積極地想將深溝新農社群的發展經驗引進大陸。二〇一九年，他親自帶團三訪深溝村，並希望促成慢島生活到海南島協助當地農村的發展。可惜因為疫情等因素，這個邀約尚未實現。跨越國界的串連與合作並不容易，更何況是以民間的力量推動村與村之間，跨越地理與國界限制的往來，但這種跨界交流始終充滿吸引力與想像空間。

即便現有的基礎仍非常薄弱，但是慢島生活成立之後，我們大膽想像，有一天可以包下一艘遊輪，滿載親朋與好友，航行在東亞海域各個港口之間，到每一個充滿魅力的農漁村拜訪。

這樣的想像，與賴青松二十年來在深溝村的耕耘，以及他積極分享生活點滴，並努力維持與朋友的互動有關。在他的歸農人生當中，以農會友的範圍確實遍及世界各地，例如「東亞慢島生活圈第一次小論壇」邀請的外賓，幾乎都是他引薦的朋友。

同時，落腳深溝的新農，也有來自香港、新加坡、日本、中國甚至美國等不同地區的夥伴。他們也都是深溝新農社群對外串連的重要關係人。賴青松就曾經透過來自新加坡的小農夥伴，成功將稻米及加工品銷售到新加坡。

在這個網路全球化的年代，農村社群的對外關係，早已具備自主行動的條件，無須再倚賴主要都市的中介了。問題的關鍵在於，農村是否可能抓住這樣的歷史機遇，為自己帶來黃金年代，與截然不同的世界觀。深溝小農社群此刻正在深溝這片土地上持續夢想、不斷向前邁進。

總結：農村復興指日可待

半農半X生活者在宜蘭深溝村群聚生活二十年的歷史，其實就是一段先行者為後來者鋪平進鄉道路的歷程。先行者為了自身的需求，以及解決眼前的困難，不斷地把這條崎嶇坎坷的進鄉路踩平、拓寬。從信念堅定的歸農先驅，到只是想要體驗另類生活的都市人，都可以很輕鬆地走進這裡。

而這條路得以成功打造，主要是因為它回答了一個關鍵問題：都市人進入農村生活，在經濟上是可行的嗎？台灣社會一直存在著一個迷思：種田無法養活自己。這也無可厚非，因為大部分老農都不贊成下一代回家種田。然而，近二十年農業服務業化的發展，確確實實打破了這個迷思，許多年輕人因此前仆後繼地走進農村，追求自己的夢想。深溝村聚集了越來越多的半農半X生活者，以及半X半農生活者，就證明了走進田園，選擇歸農生活，在現實經濟上養活自己，並非無法實現的空談，只要你願意放下似是而非的成見。

半農半X生活者群聚深溝村，其實也是一個實驗、一項挑戰：一群原來彼此陌生，又具有高度自主性的人，如何在既有的農村環境裡，形成一個共享生活的社群？在二十年的過程當中，並非一直順利而美好，彼此間縱使有不錯的合作經驗，但衝突與摩擦始終不曾間斷。也正是在這樣的磨合過程之中，大家逐漸學會彼此尊重，協同合作。同時，也因為眾人群聚，在容易相互參照的情況下，大家得以快速學習，避免重蹈覆轍。至少到目前為止，我們仍持續前進著。

在約莫二十年的歷程裡，我們從一個家庭、一小群人，到一大群人的合作，將都市人走進農村的路越拓越寬、越平坦。深溝村也因此得以注入活水，在新時代找到永續發展的可能性。毫無疑問地，這是網路普及翻轉了工業時代的經濟學邏輯，不僅為都市人實踐田園夢帶來了機會，也讓願意採取行動的農村得以翻轉它們衰退的命運。

在這個農村發展的黃金時代裡，農業在服務業化的發展道路上，也有了一個再度躍進的機會。就像一九六〇到七〇年代，台灣農業的工業化，大幅提高了農地單位面積的產值，不僅為居住在農村的人們帶來財富，也為他們帶來現代化的生活方式與居住環境。在二十一世紀初的現在，農業的服務業化也正在重塑台灣農村的面貌。不僅農二代陸續返鄉，以他們在都市中學會的那套服務業能力與創業精神，為家鄉的農業經營展開新頁；也有許多人跨越都市藩籬，進入不遠處的農村地區，開創新的事業，追尋心中的田園夢想。

然而，想在農村重新翻轉或開創與都市主流社會之間的關係，必然需要一群擁有新思維的行動者們。這些人須具備都市與農村的兩種性格，其中，有些人特別擅長商業模式，並熟悉都市消費文化，我們在本書中稱他們為半X半農者；另一些人則紮實地定根於農村，為新型態的服務業化農業，架構出具有效能的生產鏈。只有這兩種人進行合作，農村與都市之間才可能建立起新的連結關係。很明顯的，在工業時代，農村是為都市提供糧食的生產基地；然而在網路時代，農村已經成為都市人實現夢想、追求自主生活的場域。

在這個新時代的機會之窗開啟時，農村經濟的復興基本上以共享經濟來啟動。在共享農村生活與價值的基礎上，引進新的產銷模式，以滿足消費者的特殊需求，才有機會為快速衰退的農村，重新注入新的經濟活水。然而，這樣的產銷模式在經濟規模上仍有其侷限。因此，不可避免地，如何以交換經濟的市場運作機制及商業模式，來服務一般消費者的共同需求，以擴大農村經濟的規模與效率，則是進一步的挑戰。只有在共享經濟與交換經濟之間取得平衡，農村才可能永續發展。

然而，什麼樣的農村可以抓住這樣的時代機遇呢？毫無疑問地，就是那些採取行動，打造一個協助新農夫進場平台的農村。首先，這些農村必須打開大門，歡迎新農夫、新思維的進場；其次，需要有人願意協助打造這個公共平台，無論是自願性的或是具有商業模式的；第三，需要具有一定的開放性，讓新農夫、新思維來領導新的農村發展。

新農村是一個虛實整合的社群網絡。它是以新農業生產活動群聚發展的「地方」為核心，經由虛擬網路聯繫上世界各地的網絡成員。這是一種不再受地理條件侷限，分散式的農村生活地景。新農村中介於特定農村與各個都市之間，結合兩者的優勢，同時也為兩者之間建立新的互動關係。

最後，再次強調的是，我們這群半農生活者，長期定居深溝村，共同打造一個理想國，就是想告訴這個社會，在解決台灣農村世代交替困境的道途上，來自都市的半農，扮演著關鍵性的角色。半農們喜愛耕作生活，也為農地創造出新的價值，他們各自的興趣與專長，也正是農村社會邁入新時代所不可或缺的必要能力。

在過去的一、二十年裡，早已有許多都市人走進台灣各地的農村，追求他們喜歡的半農生活，也為農村帶來新穎的樣貌。我們深信，這個都市向農村移民的風潮，在新的時代氛圍作用下，仍方興未艾。順著時代的風，踏出眾多半農的足跡，台灣農村的復興是指日可待的。

L0381

半農理想國：台灣新農先行者的進擊之路

作者／賴青松、楊文全

編輯製作／台灣館
總 編 輯／黃靜宜
主　　編／蔡昀臻
封面&彩頁設計／陳文德
美術編輯／丘銳致
校　　對／丁名慶
行銷企劃／叢昌瑜

發 行 人／王榮文
出版發行／遠流出版事業股份有限公司
地址：104005 台北市中山北路一段11號13樓
電話：（02）2571-0297
傳真：（02）2571-0197
郵政劃撥：0189456-1
著作權顧問／蕭雄淋律師
輸出印刷／中原造像股份有限公司
2022年12月1日 初版一刷
定價400元

Printed in Taiwan
ISBN 978-957-32-9865-6
遠流博識網 http://www.ylib.com E-mail: ylib@ylib.com

國家圖書館出版品預行編目 (CIP) 資料

半農理想國：台灣新農先行者的進擊之路 / 賴青松, 楊文全著.
-- 初版. -- 臺北市：遠流出版事業股份有限公司, 2022.12
面；　公分
ISBN 978-957-32-9865-6(平裝)

1.CST: 農民 2.CST: 農業經營
431.4　　111017753